SCÈNES

ET

TABLEAUX DE LA NATURE

CORBEIL. — IMPRIMERIE ÉD. CRÉTÉ.

BIBLIOTHÈQUE DES ÉCOLES ET DES FAMILLES

SCÈNES
ET
TABLEAUX DE LA NATURE

PAR

LOUIS FIGUIER

NEUVIÈME ÉDITION

PARIS
LIBRAIRIE HACHETTE ET Cie
79, BOULEVARD SAINT-GERMAIN, 79

1904

SCÈNES

ET

TABLEAUX DE LA NATURE

I

LA TERRE DANS L'ESPACE

L'orgueil de l'homme s'est longtemps exagéré l'importance du rôle de la terre dans l'univers; il s'est obstiné à vouloir en faire le centre du monde. Le soleil, la lune, les planètes et les étoiles n'étaient pour lui que des corps secondaires, contraints de défiler éternellement devant le trône de la terre immobile, pour charmer les yeux de ses habitants, illuminer ses jours et éclairer ses nuits d'une douce clarté. Rien de plus faux que ce roman de la vanité humaine. La terre n'occupe qu'une place inférieure dans l'ensemble du monde solaire; elle n'est que l'une des nombreuses planètes qui gravitent autour du soleil. Elle est loin même d'être le plus grand de ces astres, car il est des planètes d'une masse bien plus considérable que la sienne.

Puisque la terre est une *planète*, il importe de bien fixer ses idées sur ce que l'on entend par cette désignation.

Le mot planète vient du grec πλανήτης, qui signifie *errant*, *vagabond*. Les planètes sont, en effet, des astres qui circulent sans cesse autour du soleil, l'astre central de notre monde. Le soleil retient les planètes par son attraction, à peu près comme l'écuyer qui tient au bout d'une longe le cheval tournant autour d'un manège circulaire. Cette image, vulgaire sans doute, a pourtant le mérite de donner une idée de la manière dont s'exerce l'action du soleil sur la terre, qui tourne autour de l'astre central en accomplissant un cercle complet dans l'espace d'une année. Seulement, tandis que la longe de l'écuyer est un lien matériel et visible, l'attraction est un invisible lien, d'une nature inconnue et mystérieuse, et qui ne se trahit que par ses effets, comme l'attraction qu'un corps électrisé exerce sur les corps légers. La puissance attractive du soleil suffit pour contraindre le globe terrestre à tracer autour de cet astre une orbite constante et régulière.

Il faut bien distinguer les planètes des étoiles. Bien que sur la voûte céleste ces astres se confondent, car leurs dimensions et leur éclat semblent pareils, il y a, pour ainsi dire, un abîme entre la fonction des étoiles et celle des planètes. Une étoile n'est rien moins qu'un soleil qui brille, comme notre soleil, d'un éclat qui lui appartient en propre; elle ne doit sa resplendissante clarté qu'aux feux qu'elle émet par elle-même.

Ainsi, les étoiles fixes sont les centres lumineux de mondes semblables à notre monde solaire, tandis que les planètes ne sont que des astres secondaires qui tournent autour de notre soleil.

La terre n'est, on vient de le dire, que l'une des planètes que l'ordre de la nature contraint à tourner sans cesse autour du soleil. Comme les autres planètes, la terre obéit à deux mouvements : un *mouvement de rotation* sur son axe, qui s'exécute dans un intervalle de vingt-quatre heures, et un *mouvement de translation* autour du soleil, qui s'exécute dans l'espace d'une année.

Le *mouvement de rotation* de la terre autour de son axe produit l'alternance régulière des jours et des nuits. Pendant une partie des vingt-quatre heures que dure cette rotation, le disque lumineux du soleil est perdu de vue par les habitants d'une moitié de la terre, et ainsi se produisent les nuits et les jours.

Le *mouvement de translation* de la terre autour du soleil s'accomplit dans l'espace de temps que nous appelons une année. On appelle *orbite terrestre*, ou *écliptique*, la trace idéale de ce mouvement de translation dans l'espace[1].

L'orbite terrestre n'est pas rigoureusement un cercle, qui aurait le soleil pour centre; c'est une ellipse presque circulaire, dont l'un des foyers est occupé par le soleil. On appelle *ellipse* ou *ovale*, en géométrie, un cercle légèrement allongé : si l'on coupe obliquement un cylindre, le contour de la section représente une ellipse.

L'ellipse n'étant pas, comme le cercle, symétrique autour d'un centre, il en résulte que la terre n'est pas toujours à la même distance du soleil. Le 2 juillet, la terre est au point le plus éloigné du soleil; elle en est le plus rapprochée au 1er janvier. La distance moyenne entre les deux astres a lieu le 1er avril et le 2 octobre. Au cœur de l'hiver, la terre est plus près du soleil de 5 millions de kilomètres qu'au milieu de l'été. Cette circonstance semble paradoxale, mais il ne faut pas oublier qu'à l'époque où nous avons l'été en Europe, les habitants de l'hémisphère opposé ont l'hiver. Du reste, les variations annuelles de notre distance du soleil n'ont pas d'influence sur le cours des saisons, car elles sont compensées par les variations, qui sont simultanées avec elles, de la vitesse angulaire de la terre. Le printemps et l'été de l'hémisphère nord pris ensemble étant de sept jours et demi plus longs que le printemps et l'été de l'hémisphère sud, cette inégalité rétablit l'équilibre entre les quantités totales de chaleur que la terre reçoit du soleil pendant ces deux intervalles de temps, puisque l'intervalle le plus long correspond à la distance la plus grande du soleil et à la moindre intensité de la chaleur.

Quelle est la distance moyenne, en d'autres termes, quelle est l'étendue de l'espace qui sépare la terre du soleil? Cette distance est de 150 millions de kilomètres.

On ne peut se faire une idée de distances aussi considérables

1. Le mot *écliptique* vient du mot *éclipse*, parce que les éclipses de soleil et de lune n'ont lieu que lorsque la lune coupe la courbe de l'orbite terrestre.

qu'en les offrant à l'esprit par voie de comparaison. Pour concevoir la distance de la terre au soleil, demandons-nous combien de temps il faudrait pour la parcourir en certaines conditions déterminées.

Un homme marchant à pied, en admettant qu'il fît par heure 8 kilomètres, et qu'il ne se reposât ni jour ni nuit, mettrait 2000 ans à parvenir au soleil. Une locomotive lancée à toute vapeur, c'est-à-dire faisant à l'heure 60 kilomètres (15 lieues de 4 kilomètres), mettrait 3 siècles pour atteindre au soleil. Un boulet de canon qui conserverait sa vitesse initiale (500 mètres par seconde, ou environ 450 lieues par heure) y parviendrait en 10 ans. Le son mettrait 15 ans à franchir la distance de la terre au soleil, s'il y avait de l'air dans les espaces planétaires et que cet air eût la même densité que le nôtre. Enfin, le plus rapide des agents, la lumière, que l'on considère comme ayant une vitesse de transport presque instantanée, a besoin de 8 minutes pour franchir cette même étendue.

La terre se déplace et parcourt son orbite avec une étonnante rapidité. Sa vitesse de translation autour du soleil est d'environ 30 kilomètres par seconde, ou d'un peu plus de 100 000 kilomètres par heure. La terre dévore l'espace 60 fois plus vite qu'un boulet de canon.

Il faut ajouter, pour être complet, qu'en outre de ces deux mouvements de rotation sur son axe et de translation autour du soleil, la terre participe au mouvement commun qui emporte à travers l'espace le monde solaire tout entier. Le soleil, avec toute sa famille et son cortége de planètes, décrit dans le ciel, autour de quelque centre inconnu caché dans les profondeurs de l'espace, une courbe d'un rayon si étendu qu'elle nous semble rectiligne. Comme tous les astres qui composent le monde solaire, la terre obéit à ce mouvement d'ensemble, dont la vitesse est de près d'un myriamètre par seconde.

Nous représentons sur la figure 1 la *grandeur relative des planètes* depuis le massif Jupiter jusqu'au modeste Mercure.

FIG. 1. — GRANDEUR RELATIVE DES PLANÈTES.

1. Mercure. — 2. Mars. — 3. Vénus. — 4. Terre. — 5. Uranus. — 6. Neptune. — 7. Saturne et son anneau. — 8. Jupiter.

Sur cette figure, la lune est placée près de la terre, comme son satellite ; les autres planètes sont également escortées de leurs satellites.

Si nous comparons notre globe aux autres planètes qui composent le monde solaire, il nous sera facile de voir que, sous le rapport de sa distance au soleil, et par conséquent de sa température, enfin sous le rapport de son volume, la terre représente une sorte de juste milieu, ou de terme moyen entre les extrêmes que l'on trouve dans le monde solaire. Elle n'est ni la plus rapprochée, ni la plus éloignée du soleil ; elle n'a ni la brûlante température de Vénus, ni le froid glacial de Saturne ou d'Uranus.

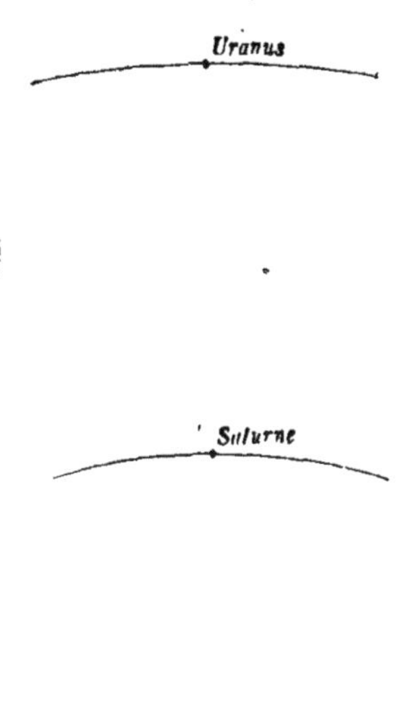

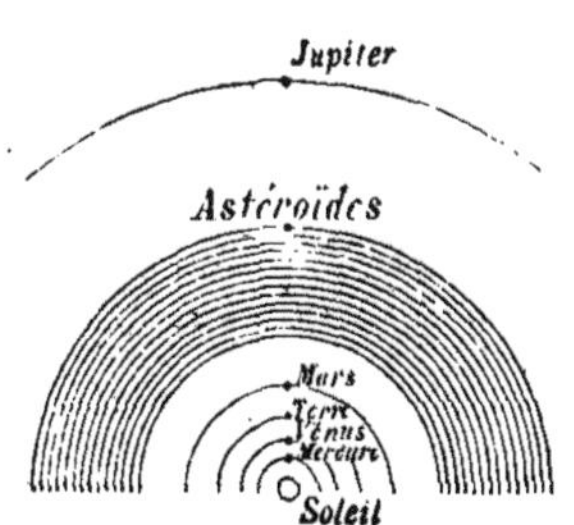

FIG. 2. — DISTANCE DES PLANÈTES DU SOLEIL.

La figure 2 montre exactement l'éloignement des diverses planètes du soleil. Si l'on désigne par 10 la distance moyenne de la terre au soleil, les distances de toutes les planètes au soleil forment approximativement la série suivante :

Mercure,	Vénus,	Terre,	Mars,	Astéroïdes,
4	7	10	15	21 à 35

Jupiter,	Saturne,	Uranus,	Neptune.
52	95	192	300

Plus les planètes sont éloignées du soleil, plus, on le conçoit, doit être longue la durée de leur révolution autour de cet astre central. Mercure accomplit en 88 jours sa rotation autour du soleil ; Vénus, en 225 jours (sept mois et demi) ; Mars met 687 jours (deux ans moins six semaines) ; les astéroïdes mettent de 3 à 6 ans ; Jupiter, 12 ans ; Saturne, 30 ; Uranus, 84 ; enfin

Neptune, la planète découverte de nos jours par le génie mathématique de Le Verrier, emploie 165 ans à faire autour du soleil sa révolution complète.

La terre pèse à peu près autant que la planète Vénus. La masse, ou le poids de Mercure, est 6 fois moins forte que celle de la terre, Mars est 8 fois moins lourd, Uranus pèse 15 fois, Neptune 20 fois plus que la terre. Le poids de Saturne est égal à celui de 100 globes terrestres; le gros Jupiter pèse autant que 338 globes terrestres; mais, d'un autre côté, les astéroïdes sont 800 000 fois plus légers que la terre. Ces petites masses de matière, qui souvent ne dépassent pas quelques lieues d'étendue, ne sont sans doute autre chose que les débris de planètes brisées, emportées dans le tourbillon commun du monde solaire.

Les montagnes ne forment à la surface de la terre que des éminences d'une faible élévation. Si l'on se figure la terre comme une orange, les petites rugosités de sa surface peuvent jusqu'à un certain point représenter la hauteur des montagnes les plus élevées de notre globe. En effet, la hauteur la plus considérable des montagnes terrestres ne dépasse pas 9 kilomètres. Or les montagnes de Vénus, dont la masse est sensiblement égale à celle de la terre, dépassent peut-être 150 kilomètres. Les montagnes de la lune ont jusqu'à 6 kilomètres, et la masse de la lune est bien inférieure à celle de la terre.

Toutes ces comparaisons établissent qu'il y a plus d'harmonie dans la plasticité, dans les variations de relief de la terre, que dans celles d'autres corps célestes que nous connaissons. Elles confirment aussi la remarque que nous avons faite plus haut quant au rôle de notre planète au milieu du monde solaire, à savoir que la terre représente une sorte d'état moyen, également éloigné de tous les extrêmes : également éloigné, en ce qui touche les dimensions, du trop grand comme du trop petit; en ce qui touche le mouvement, de la rapidité comme de la lenteur; en ce qui touche la température, des trop grandes chaleurs comme d'un froid excessif. Cette harmonie, cet équilibre admirable de toutes les conditions destinées à favoriser l'existence et le développement de la vie, caractérisent notre globe, qui semble avoir été prédestiné par le Créateur à servir de séjour à l'espèce humaine. L'homme n'aurait pu trouver sur aucune autre planète le moyen de satisfaire avec autant de facilité aux besoins variés de sa nature multiple, et de se préparer à l'existence éternelle qui doit succéder à sa vie terrestre.

Comme les grandes planètes, la terre est escortée d'un *satellite*. On nomme ainsi certains corps célestes, attachés aux grands astres comme d'invariables compagnons, et qui les suivent dans leur course éternelle. Saturne et Uranus ont huit satellites; Jupiter en a quatre, Mars en a deux. La Terre n'a qu'un satellite : c'est la lune.

La lune est placée à 38 000 kilomètres de la terre, ce qui représente une distance 400 fois plus petite que sa distance au soleil. La lune, 50 fois plus petite que la terre, accomplit en 28 jours sa révolution autour de cette planète.

Tels sont les mutuels rapports des astres que nous voyons briller dans le calme et la sérénité d'une belle nuit.

Le système théorique que nous venons d'exposer, explique jusque dans leurs derniers détails tous les phénomènes que l'observation a fait découvrir. Nos jeunes lecteurs se tromperaient néanmoins en s'imaginant que cette belle conception soit entrée sans combat dans la science. Dans l'origine, l'orgueil de l'homme, égaré par une mauvaise philosophie, répugnait à l'idée de placer la terre à un rang secondaire. On ne pouvait se décider à croire que tout ici-bas ne fût point subordonné à notre globe, et que les mondes qui nous entourent eussent un autre rôle que de charmer nos yeux par le spectacle du firmament étoilé et radieux. Si bien, et l'on a quelque honte à le dire, que le système du monde, tel que nous venons de l'exposer, n'est généralement admis que depuis deux siècles.

II

LES GLACIERS

Quand on parcourt les grandes vallées de la Savoie et de la Suisse qui s'étendent au pied des Alpes, on est surpris de se trouver tout d'un coup en face de véritables fleuves qui semblent gelés sur place. Au milieu d'une végétation vigoureuse, entre des champs cultivés et des forêts de sapins, on voit briller des masses énormes de glaces, qui résistent à l'action des étés les plus chauds.

Ces fleuves enchantés sont les *glaciers*.

Sujet inépuisable d'admiration pour le touriste, phénomène naturel le plus saillant et le plus populaire du monde alpestre, les glaciers sont devenus, dans ces derniers temps, de la part des naturalistes et des géologues, le sujet de travaux immenses, passionnés, on peut le dire, et les découvertes qui sont sorties de ce grand concours d'études ont dirigé la géologie dans un ordre d'idées tout nouveau et qui tend à envahir de plus en plus le domaine de cette science. L'existence d'une *période glaciaire* dans l'histoire de notre globe est une des principales découvertes dont la science se soit enrichie à la suite des observations sur les glaciers actuels.

Qu'est-ce qu'un glacier?

Le spectateur heureux qui pourait embrasser d'un coup d'œil à vol d'oiseau, ou, si l'on veut, du haut d'un ballon aérostatique, la chaîne tout entière des Alpes de la Suisse, de la Savoie et du Dauphiné, verrait presque toutes les sommités de ces montagnes couvertes d'un tapis resplendissant de glace, percé çà et là de pics escarpés, trop raides pour retenir les neiges qui tombent sur leurs flancs. Au-dessous de ces cimes neigeuses, il verrait d'étroites vallées, dans l'intérieur desquelles descendent des sillons de glace, semblables à des franges ou à des lambeaux du manteau d'argent étalé sur le faîte. Il verrait ces longs sillons pénétrer jusqu'au cœur des fertiles régions habitées par les hommes. S'il portait ses regards plus loin du centre du massif alpin, des chaînes secondaires, moins importantes, lui offriraient le même spectacle sur une plus petite échelle. Et si ses yeux pouvaient plonger plus bas encore, il verrait les glaces et les neiges disparaître peu à peu, la nature perdre son aspect sauvage, les formes du sol s'adoucir, enfin la riante verdure de la végétation des plaines remplacer la désolante monotonie des champs de neige.

Ces fleuves d'eau solidifiée, qui se rencontrent dans les Alpes partout où ces montagnes dépassent la limite des neiges persistantes, et qui descendent dans les vallées bien au-dessous de ces limites, jouent un rôle admirable dans l'économie de la nature. A l'arrivée du printemps, la nature s'éveille ; les arbres se couvrent de bourgeons qui annoncent et préparent la riante parure des bois ; partout les traces de l'hiver s'effacent au souffle attiédi d'avril. Seuls les glaciers restent insensibles à la douce invitation du soleil, et sur leur masse solide passe, sans l'entamer, du moins en apparence, l'ardeur des étés. Or quand on réfléchit que ces longs fleuves immobiles et glacés descendent sans interruption de la région des neiges éternelles, on devine aisément qu'ils tirent leur origine et s'alimentent de cette source cachée dans les sommets des montagnes. Les glaciers sont des avant-gardes envoyées de ces hauteurs inaccessibles où règne un froid éternel ; ce sont des émissaires des glaces et des neiges qui couvrent les plateaux des altitudes extrêmes.

La neige qui tombe sur les montagnes très élevées ne peut jamais fondre; elle demeure à l'état solide sur ces roches dont la température est toujours inférieure à zéro. Les couches de neige qui s'entassent ainsi sur les grandes hauteurs finiraient par monter, pour ainsi dire, jusqu'au ciel; elles s'entasseraient sur ces sommets, en privant les plaines du bienfait de leurs eaux, si la prévoyante nature n'avait le secret de l'empêcher. Ce secret, c'est la formation des glaciers. Un glacier n'est immobile que pour nos yeux; en réalité, il est doué d'un mouvement de progression. Ce mouvement est d'une lenteur extrême, et c'est précisément dans cette lenteur de progression qu'est l'intention providentielle de ce grand phénomène. Les glaciers avancent peu à peu dans le fond des vallées. Trouvant dans ces abris la douce température du printemps et de l'été, ils fondent par leur base, créant ainsi d'intarissables sources et des cours d'eau sans fin. Remontez, dans les Alpes, le lit d'un torrent; suivez-le sans cesse, en vous élevant le long du ravin fangeux qui l'encaisse, et vous arriverez nécessairement à un glacier.

Un glacier n'est donc autre chose, dans les vues de la nature, qu'un vaste réservoir d'eaux solidifiées, qui fondent peu à peu et arrivent dans les vallées inférieures, où elles forment un bienfaisant cours d'eau. Et si nous voulions dévoiler sur cette question la série tout entière des opérations physiques de la nature, nous ajouterions que, dans les plaines et les vallées, la chaleur du soleil vaporisant l'eau des ruisseaux et des rivières, la renvoie à l'état de vapeur dans l'atmosphère, d'où elle retombe plus tard à l'état de neige, sur le sommet des monts, pour s'y convertir de nouveau en glace, puis en sources vivifiantes, accomplissant ainsi le plus complet et le plus merveilleux cercle d'actions naturelles, cercle éternel, qui n'a ni commencement ni fin, comme Dieu qui l'a conçu.

Nous venons de dire que les glaciers sont doués d'un mouvement de progression lente, qui paraît représenter la cause finale de leur existence. Il semble difficile qu'un pareil phénomène ait longtemps échappé à l'attention des hommes. Il est certain pourtant que cette observation est récente. Horace de Saussure avait consigné cette remarque dans son livre intitulé *Voyage dans les Alpes;* mais personne n'y avait attaché d'importance. C'est à un simple guide du Valais que la science de nos jours est redevable de cette observation fondamentale.

C'était en 1817. Un géologue qui devait s'illustrer un jour par ses travaux sur les glaciers, M. de Charpentier, fut conduit par ses courses dans la cabane de Jean Perraudin, guide du Valais, qui était en même temps chasseur de chamois. Un orage l'obligea à passer la nuit dans cette cabane. Assis devant un bon feu, le géologue et le chasseur se mirent à causer. M. de Charpentier expliqua au compagnon que le hasard lui envoyait les théories que les géologues avaient mises en avant pour expliquer le mode de transport des *blocs erratiques*, c'est-à-dire de ces fragments détachés du sommet des montagnes que l'on rencontre à des distances si éloignées de leur lieu d'origine. C'est par le courant des eaux diluviennes que les géologues du premier quart de notre siècle croyaient pouvoir expliquer le déplacement, l'entraînement de tous ces blocs.

« Pourquoi, dit alors l'habitant des montagnes, inventez-vous des déluges et des cours d'eau, pour les charger de rochers évidemment trop lourds pour eux? N'est-il pas plus simple de penser que ces pierres ont été transportées par des glaciers, qui tous les jours en transportent sous nos yeux? »

Une explication si catégorique surprit beaucoup M. de Charpentier. Elle était tellement en dehors des faits alors admis en géologie, qu'il la médita dix-huit ans, tout en étudiant de plus près les caractères des glaciers. Ce ne fut qu'en 1834, devant la réunion tenue à Lucerne par les naturalistes suisses, qu'il fit connaître le fruit de ses longues études sur les glaciers.

Déjà, avant cette époque, un intrépide explorateur des Alpes, Hugi, de Soleure, avait fait une expérience d'une portée capitale. Dans l'été de 1827, il avait fait construire, sur le flanc du glacier de l'Aar inférieur, une petite cabane en pierres de moraines. Il l'avait adossée à une sorte de promontoire nommé l'*Abschwing*, et il en avait vérifié de temps en temps la situation. En 1830, il trouva sa cabane à environ 100 mètres plus bas; en 1836, elle était déjà descendue de 715 mètres. En 1840, Agassiz et Desor cherchèrent la cabane et la retrouvèrent à 1428 mètres du promontoire. Ils y découvrirent, dans une bouteille cachée sous quelques pierres, des notes manuscrites de Hugi sur ses observations antérieures. L'année suivante, Agassiz constata un nouveau déplacement de 95 mètres.

Ainsi, dans l'espace de treize ans, la cabane de Hugi était descendue d'environ 1500 mètres, ce qui fait environ 115 mètres par an.

Pour mieux étudier ces phénomènes, Agassiz passa deux étés au milieu de ces régions sibériennes. Il s'était installé sur le glacier de l'Unteraar (Aar inférieur), à 650 mètres plus haut que Hugi, et à 2 700 mètres au-dessus du niveau de la mer. Pour s'abriter, il avait choisi, au milieu de la moraine, un immense bloc erratique. C'est sous ce toit de pierre qu'Agassiz fit construire une demeure, restée célèbre sous le nom d'*Hôtel des Neuchâtelois*. La cuisine était au-dessous de la partie du bloc qui s'avance en forme de portique; la chambre à coucher était creusée dans la glace au-dessous du bloc; un lit de pierres, recouvertes de foin, servait de couche à notre patient explorateur. L'*Hôtel des Neuchâtelois* était signalé au loin par un drapeau au haut d'un mât.

C'est dans ce désert qu'Agassiz brava pendant deux étés les injures du climat, pour arracher à la nature quelques-uns de ses secrets. Il inscrivit sur son bloc ambulant sa distance au promontoire de l'Abschwing en 1840; elle était alors de 797 mètres; aujourd'hui elle doit être bien plus grande, car la vitesse de translation du glacier au point où était situé l'*Hôtel des Neuchâtelois* a été trouvée, en moyenne, de 75 mètres par an.

Au moment où M. de Charpentier annonça ses vues sur le mouvement des glaciers, la découverte de Hugi n'était pas encore publique, et nous ignorons pourquoi ce dernier ne fit pas connaître à cette époque le résultat de ses propres recherches. Quoi qu'il en soit, l'hypothèse de M. de Charpentier fut assez mal reçue à l'assemblée des naturalistes de Lucerne; elle fut même presque tournée en ridicule par la plus grande partie des géologues de cette époque.

Cependant la vérité ne tarda pas à se faire jour. De courageux explorateurs, des savants tels que MM. Desor, Venetz, Martins, Leblanc, Édouard Collomb, Dollfus-Ausset, etc., allèrent s'établir, pendant des mois entiers, sur ces champs glacés, afin d'éclaircir définitivement une question si importante.

A la suite de ce vaste ensemble de travaux, le mouvement de progression des glaciers fut entièrement mis hors de doute. On étudia, en même temps, leurs propriétés, et l'on arriva à découvrir dans cet amas d'eau solidifiée des caractères physiques extrêmement curieux, et sur lesquels nous aurons bientôt à revenir. Enfin, d'après la connaissance approfondie que l'on acquit, de cette manière, des traces que les glaciers laissent sur les roches qu'ils ont labourées de leur masse, on remonta dans l'histoire du globe terrestre, et l'extension des glaciers bien au delà de leurs limites présentes, dans les Alpes, le Jura, l'Écosse et tout le nord de l'Europe, fut ainsi démontrée jusqu'à l'évidence.

Voilà comment s'est introduite dans la géologie moderne la notion de la *période glaciaire*, une des vérités définitivement acquises à cette science, et qui tend tous les jours à y tenir une place plus sérieuse.

Après ce rapide historique des travaux scientifiques auxquels ont donné lieu les glaciers, nous entrerons dans quelques détails sur leur mode de formation et leurs caractères généraux.

La neige qui tombe sur les montagnés au-dessus de la limite des neiges perpétuelles, ne fond pas, avons-nous déjà dit; elle s'accumule dans les vallées et les dépressions du sol. L'eau qui provient de leur fusion superficielle produite par la chaleur des jours d'été, s'infiltrant peu à peu dans leur intérieur, et cette eau se congelant de nouveau, pendant la nuit, la neige passe à l'état de *névé*, corps intermédiaire entre la neige et la glace, masse grenue qui se compose de cristaux arrondis et agglutinés entre eux par l'effet de la pression qu'ils supportent.

La densité du *névé* tient le milieu entre celle de la neige et celle de la glace : tandis qu'un mètre cube de neige pèse environ 85 kilogrammes, un mètre cube de glace compacte pèse 900 kilogrammes, et le poids d'un mètre cube de névé varie entre 300 et 600 kilogrammes (l'eau pèserait 1000 kilogr.). La ligne de démarcation entre la glace et le névé n'est pas bien tranchée. Suivant la pression à laquelle il est exposé, le névé passe successivement par une série de phases caractérisées par des densités différentes : il devient d'abord *glace bulleuse* (renfermant des bulles d'air), puis *glace grenue blanche*, enfin *glace bleue compacte*, qui forme la substance des glaciers.

Il tombe environ dans les Alpes 18 mètres de neige par an, qui équivalent à une couche de 2^{m},30 de glace. Dans ces régions élevées, la chaleur solaire est insuffisante à fondre une pareille quantité d'eau solide; il y a donc chaque année un résidu, ou *stock* de glace, qui forme le noyau des glaciers. Amassées sur place, ces couches annuelles finiraient par former de véritables montagnes; mais la prévoyante nature s'en débarrasse par le mouvement de progression dont nous avons parlé, et qui n'est autre chose que la chute lente et continue de ces masses énormes sur le plan incliné de la montagne. A mesure qu'elles descendent, ces masses de glace sont rongées à leur base par la chaude température des vallées.

La pente d'un glacier dépend, en général, de la pente du sol sur lequel il descend; il se moule sur toutes les anfractuosités qu'il recouvre. La pente des glaciers du second ordre est donc nécessairement plus raide que celle des grands glaciers qui remplissent les vallées.

On a fait quelques tentatives pour évaluer la surface et le volume de quelques glaciers remarquables. On a trouvé, par exemple, que le glacier de l'Aar présente, sur une longueur de 8 kilomètres, une superficie de 9 à 10 kilomètres carrés; son épaisseur *maxima* a été évaluée à 460 mètres, mais elle décroît rapidement jusqu'à 60 mètres environ. En prenant 250 mètres pour l'épaisseur moyenne, on a calculé que le volume de cette partie du glacier est de 2 à 3 kilomètres cubes. Pour la capacité du glacier d'Aletsch, on a trouvé 24 kilomètres cubes.

On compte en Suisse plus de 600 glaciers : 370 dans le bassin du Rhin; 137 dans le bassin du Rhône; 66 dans celui de l'Inn; 35 dans les bassins des fleuves qui se jettent dans la mer Adriatique.

Le naturaliste Ebel a essayé d'évaluer l'étendue totale approximative des glaciers de la Suisse. Il a trouvé que la partie des Alpes comprise, en Suisse, entre le mont Blanc et les hauteurs du Tyrol contient une surface de glaciers de 138 lieues carrées. On comprend, d'après ce chiffre, le rôle fondamental que jouent les glaciers dans l'alimentation des principaux fleuves de l'Europe.

Il ne faut pas se figurer un glacier comme une masse compacte et homogène. C'est, au contraire, une masse *feutrée* qui se compose d'une infinité de blocs ou de fragments de glace dure, creusés d'un réseau de fissures et de conduits dans lesquels l'eau peut circuler librement. De là cette plasticité, cette mollesse des glaciers, qui se manifeste dans les plis que leur imprime le relief du terrain sous-jacent. Cette propriété des glaciers de se plier et de se déformer est encore due à la mollesse qui est propre à la glace maintenue à zéro, température ordinaire de l'intérieur des glaciers. Nous savons, en effet, par les belles recherches d'Agassiz et Desor, que la température dans les glaciers se maintient presque invariablement à zéro. Les savants neuchâtelois ont obtenu ce résultat en introduisant des *termo métrographes* dans les trous de sonde qu'ils avaient percés dans les glaces.

La constance de cette température est due, en partie, à l'épais manteau de neige qui couvre la surface des glaciers pendant une partie de l'année et la protège contre la chaleur atmosphérique.

Un glacier est entrecoupé, en divers points de son étendue, d'un grand nombre de crevasses dont la largeur est excessivement variable. Ces crevasses, ordinairement perpendiculaires à la direction des couches, proviennent de l'inégalité du mouvement de translation du glacier, et de la tension qui en résulte sur certains points de sa masse. Elles sont, par conséquent, plus nombreuses dans les points où la pente générale change brusquement, là où existe un coude, un escarpement, etc. Ces immenses cassures se forment subitement, et quelquefois avec un bruit qui ressemble à une détonation : la glace frissonne, puis se déchire, tantôt lentement, tantôt tout d'un coup, sur une grande étendue. Pendant l'été, les crevasses s'élargissent par la fonte progressive de leurs parois; elles deviennent alors des gouffres béants qui rendent dangereuse l'exploration de ces champs de glace.

Lorsqu'il tombe de la neige, les crevasses se couvrent quelquefois d'un pont de quelques décimètres seulement d'épaisseur, qui les cache, mais qui n'a pas assez de consistance pour supporter le poids d'un homme. Le touriste doit avancer avec une extrême précaution sur ces ponts perfides; il doit sans cesse tâter le terrain avec son bâton ferré, et suivre aveuglément les conseils de son guide.

Dans quelques cas assez rares, les crevasses s'étendent jusqu'au fond du glacier; elles constituent alors une véritable rupture de toute sa masse; on en voit de semblables, pendant l'été, à la source de l'Aar.

Bien des voyageurs, bien des touristes ou des guides ont péri au fond des crevasses des grands glaciers. Les montagnards des Alpes conservent le souvenir de beaucoup de ces tristes évènements. Nous rappellerons ici les plus connus.

Pendant l'été de 1790, un habitant de Grindelwald, Christian Bohrer, ramenait un troupeau de moutons à travers le glacier qui porte le nom de ce village. Arrivé au bord du glacier supérieur, il glissa dans une crevasse qui n'avait pas moins de 120 mètres de profondeur. Cette horrible chute lui fit perdre connaissance. Quand il revint à lui, il se trouva dans une obscurité complète, entre deux murailles à pic, tout près d'un ruisseau provenant de la fonte des glaces. Le murmure de l'eau ranima son courage; il commença à remonter le ruisseau, en se traînant sur les genoux. Ce ne fut qu'au bout de plusieurs heures, et avec des peines infinies, qu'il revit la lumière du jour : il se trouvait au pied du Wetterhorn, dans le point où le ruisseau s'engouffre sous la glace. C'est alors seulement qu'il s'aperçut que son bras gauche était cassé. Il arriva le soir à Grindelwald, ayant échappé par miracle à cette situation affreuse où il avait vu cent fois la mort à ses côtés.

Le 31 août 1821, un pasteur protestant de Neuchâtel, nommé Mouron, se trouvait sur le même glacier de Grindelwald. Il se penchait sur une crevasse pour admirer les reflets azurés de ces murailles resplendissantes, en s'appuyant sur le bâton qu'il avait fixé sur le bord opposé, lorsque tout à coup son bâton glisse, et le malheureux est précipité dans l'abîme. Son guide, épouvanté, court au village pour annoncer ce triste évènement. Mais personne autre que le guide lui-même n'avait été témoin de la chute du pasteur. Des doutes s'élèvent; rien ne démontre que le guide n'ait pas poussé le voyageur dans l'abîme, après l'avoir volé. Les guides de Grindelwald ne veulent pas que l'un d'entre eux reste sous le coup d'un pareil soupçon. Il est décidé que l'on tirera au sort le nom de celui qui descendra dans le gouffre, pour y chercher le corps du malheureux ministre. Le

FIG. 3. — LE GLACIER INFÉRIEUR DE GRINDELWALD (SUISSE).

sort tombe sur Pierre Burguener, l'un des hommes les plus vigoureux de la vallée. On l'attache à une corde, et quatre hommes le descendent dans la crevasse, avec une lanterne attachée à son cou, tenant d'une main son bâton ferré, de l'autre une sonnette pour appeler. Deux fois, près d'être asphyxié, Burguener donna le signal de le remonter. Il réussit enfin à atteindre le fond de l'abîme; il y retrouva le corps mutilé qu'il allait chercher au péril de sa vie. On le remonta à force de bras avec son triste fardeau.

Le voyageur avait encore sa montre et sa bourse : le guide était donc justifié.

Le corps du pasteur fut inhumé près de la porte de l'église de Grindelwald : on lit sur la pierre une inscription qui rappelle cet évènement.

En 1849, le docteur Burstenbinder, de Berlin, eut le même sort, sur le glacier d'Oetzthal. On le retira vivant, mais il mourut quelques heures après.

Le 7 août 1800, un jeune Danois, le poète Esther, périt dans le glacier du Buet. Malgré les avis réitérés de son guide, il était accompagné seulement d'un ami, et se tenait toujours quelques centaines de pas en avant, lorsque tout à coup on le vit disparaître. Son ami courut chercher du secours à Servoz. On retrouva le malheureux jeune homme au fond d'une crevasse de 30 mètres de profondeur, debout, les bras au-dessus de sa tête, et le corps complètement raidi par le double froid de la mort et des glaces qui l'environnaient.

En 1836, le guide Devoissous tomba dans une crevasse du glacier de Talèfre, dans la chaîne du mont Blanc. Comme c'était un homme vigoureux, il se fraya un chemin en faisant, avec son couteau, des entailles dans les parois de la crevasse.

III

LES AVALANCHES

A mesure qu'on s'élève dans l'atmosphère, la température décroît avec rapidité. C'est ce que l'on peut reconnaître en transportant un thermomètre au haut d'une montagne, et faisant neter, au même moment, la température d'un autre thermomètre au bas de la montagne. C'est ce que l'on constate plus facilement encore dans une ascension aérostatique.

L'abaissement de la température avec l'élévation des lieux a une conséquence intéressante : c'est qu'à mesure qu'on gravit une haute montagne, on rencontre, étagées aux différentes hauteurs, les productions organiques de chaque pays, et que, pendant cette ascension, on traverse graduellement des climats de plus en plus rigoureux.

Cette curieuse contiguïté des produits de l'hiver et de ceux de l'été contribue beaucoup au charme des contrées alpestres. Si l'on se place sur les sommets de la Suisse, on embrasse d'un coup d'œil le grandiose panorama des Alpes, et, comme dans une page ouverte du livre de la nature, on peut lire dans ce tableau les règles et les lois que la science a établies concernant la distribution des êtres vivants aux différentes latitudes. On aperçoit assez distinctement six zones étagées l'une sur l'autre, et nettement accusées dans leurs contours par la différence de la végétation et de l'aspect du sol. Au fond s'étend la plaine fertile, entrecoupée de lacs, de grandes routes, de rivières, de forêts, parsemée de villages et de métairies : c'est la résidence de l'homme. Au-dessus de ce vert tapis s'élèvent, dans un pittoresque désordre, de riantes collines, tantôt nues, tantôt couvertes de bois et d'ombrages. Plus haut, le regard rencontre des crêtes rocailleuses, couronnées de groupes de noirs sapins. Par-dessus ces rochers, on aperçoit encore des pentes couvertes de riches pâturages; mais bientôt le caractère du paysage change brusquement : la mort succède à la vie, la verdure fait place aux teintes grises et monotones des roches nues. La montagne emprunte alors son charme ou sa grandeur à d'autres aspects, c'est-à-dire aux formes capricieuses et sauvages des rochers qui forment sa masse imposante. Plus haut enfin, les Alpes s'enveloppent d'un resplendissant manteau de neige, que percent à peine, par intervalles, quelques pics dont les flancs escarpés ne peuvent retenir les neiges au moment de leur chute.

Ces six régions ont reçu, d'après la différence de leur végétation, les dénominations suivantes :

			Mètres.
1°	Région	sous-montane, ou Région des Noyers..	jusqu'à 800
2°	—	montane, ou Région des Hêtres......	de 800 à 1 300
3°	—	sous-alpine, ou Région des Sapins......	de 1 300 à 1 700
4°	—	alpine, ou Région des Arbustes........	de 1 700 à 2 100
5°	—	sous-nivale, ou Région des Graminées ..	de 2 100 à 2 700
6°	—	nivale, ou Région des neiges éternelles.	au delà de 2 700

Les chiffres que nous venons de donner sont ceux qu'on admet d'ordinaire pour les Alpes; ils varient pour d'autres localités de la terre, suivant la distance à l'équateur et la température moyenne du pays.

De toutes les régions naturelles qui s'étagent ainsi le long des flancs d'une montagne, nulle n'a un caractère aussi tranché que celle des *neiges éternelles* ou *persistantes*, ainsi nommées avec juste raison parce qu'elles résistent aux ardeurs de l'été, ou qu'elles se renouvellent aussitôt qu'une fonte partielle, pendant l'été ou le printemps, a diminué leur masse. Toutes les autres régions se mêlent un peu et empiètent l'une sur l'autre; mais la limite inférieure des neiges qui résistent aux ardeurs des étés apparaît de loin comme une ligne de démarcation tracée d'une main ferme; elle sépare des régions cultivées le monde froid et inhospitalier des hautes cimes. Au-dessous s'agite la vie; le sol change d'aspect avec la saison, toutes sortes d'êtres organisés s'y développent aux rayons du soleil; tout près encore de la limite des neiges, un espace de quelques mètres suffit pour transformer un champ neigeux en un tapis de verdure. Mais après cette limite l'hiver règne avec toutes ses horreurs. Le paysage s'enveloppe d'un immense linceul de glace, et le silence de ces déserts n'est interrompu que par la fureur des éléments déchaînés.

Il est facile de comprendre que la *limite des neiges persistantes* se trouve à une hauteur absolue d'autant plus grande qu'il fait plus chaud au niveau de la mer. La limite des neiges doit être au niveau même du sol dans les régions polaires arctiques et antarctiques, où règne un froid continu, et elle doit être située, au contraire, à une très grande élévation dans les chaudes régions équatoriales.

La limite des *neiges perpétuelles* est donc extrêmement variable. Sur les cimes élancées des Alpes suisses, les neiges commencent à 2 700 mètres de hauteur, et quelques rares lichens y colorent à peine les roches qui sortent du linceul glacé; sur le Chimborazo, en Amérique, M. Boussingault a encore vu des saxifrages adhérer aux pierres à 4 800 mètres de hauteur, qui est celle de la limite des neiges sur cette montagne. Sur les flancs de la Cordillère orientale du haut Pérou, Pentland a vu la limite inférieure des neiges perpétuelles descendre rarement au-dessous de 5 200 mètres, tandis que dans les Andes de Quito, plus voisines de l'équateur, cette limite descend jusqu'à 4 800 mètres.

Lorsqu'on visite ces immenses champs de neige, on est surpris d'y rencontrer encore des traces de la vie organique. Jusqu'aux plus hautes cimes, on découvre sur les roches qui percent la neige, de larges surfaces couvertes de lichens et d'autres végétaux d'un ordre inférieur. Agassiz et Desor en ont trouvé sur le faîte de la Jungfrau et du Schreckhorn.

Schlagintweit a donné une liste de 45 espèces végétales recueillies sur les Alpes entre 3 200 et 4 800 mètres d'altitude, c'est-à-dire à des hauteurs glacées où l'on croirait la vie végétale déjà éteinte ou impossible

Cet ordre de phénomènes donne l'explication des *taches rouges* qui s'étendent quelquefois sur la neige des Alpes, et qui ont toujours excité la curiosité des touristes ou des voyageurs.

On rencontre surtout la *neige rouge* pendant les mois de juillet et d'août, à des hauteurs qui ne dépassent pas 2 800 mètres. Voici comment elle se produit et comment elle disparaît.

La neige commence à se couvrir de taches roses, qui la colorent jusqu'à une profondeur de quelques centimètres. Peu à peu ces taches s'étendent, et leur teinte passe au rouge foncé. Mais vers le mois de septembre la matière colorante se décompose, et il ne reste plus sur la neige qu'une poudre noire.

Les recherches microscopiques de MM. Shuttleworth et Vogt ont prouvé que cette singulière substance est composée d'animaux infusoires (*Atasia nivalis*, *Gygas sanguineus*, etc.) et de spores de mucédinées (*Protococcus nivalis*, etc.).

Le phénomène des neiges persistantes explique le terrible phénomène naturel des *avalanches*.

Une *avalanche* est une masse de neige ou de glace qui roule le long de la pente des hautes montagnes, et qui tombe dans les vallées avec un bruit semblable à celui du tonnerre, renversant tout ce qui s'oppose à son passage, et entraînant quelquefois dans sa chute des maisons, des villages et jusqu'à des forêts entières. C'est dans les Alpes, en raison de l'altitude et de la configuration de ces montagnes, qui abondent en étroites vallées encaissées, que l'on observe les plus redoutables avalanches. Là elles parcourent dans leur chute plusieurs kilomètres sur

FIG. 4. — UNE AVALANCHE DANS LES ALPES.

le flanc d'une montagne. En tombant au fond des gorges, elles peuvent ensevelir des habitations, ou, en arrêtant le cours d'un torrent, provoquer une inondation dans les vallées.

Les avalanches sont surtout à craindre au moment du dégel, c'est-à-dire au printemps; dans l'été, mais alors bien entendu dans la région des neiges éternelles, elles sont moins à redouter.

Si l'on est forcé de traverser au printemps les défilés des Alpes, entourés de cimes neigeuses, alors que les avalanches annuelles ne sont pas encore tombées, il faut s'astreindre à beaucoup de précautions. A cette époque de l'année, les touristes doivent s'arranger de manière à former de petits groupes, chaque voyageur cheminant à une distance convenable l'un de l'autre, afin qu'en cas de malheur quelques-uns, restés hors d'atteinte, puissent secourir les autres. Dans les passages dangereux, on recommande d'ôter les clochettes des animaux, de partir de grand matin, avant les premiers rayons du soleil, et de marcher dans le plus grand silence, pour éviter de *donner l'éveil à la lionne*[1]. Souvent on a la précaution de tirer un coup de pistolet à l'entrée d'un mauvais passage, car alors le choc de l'air produit par la détonation de l'arme à feu fait tomber les avalanches prêtes à s'écrouler.

Quelques villages et villes de la Suisse ne sont préservés de la chute des avalanches que par les forêts qui les dominent; aussi des lois sévères défendent-elles le déboisement de ces montagnes. Dans d'autres localités, on a construit au-dessus des maisons exposées aux avalanches des espèces de bastions de pierres pourvus d'un angle aigu destiné à fendre et à séparer en deux les avalanches qui pourraient les atteindre. Au-dessus de quelques passages dangereux du Splugen et d'autres localités des Alpes, on a construit des galeries voûtées, afin d'abriter les voyageurs.

On ne sera pas surpris, d'après ce qui précède, d'apprendre

1. Du mot allemand *lavine*, le peuple fait quelquefois *lævinne* (lionne)

que l'histoire ait conservé le souvenir de bien des désastres occasionnés dans les Alpes par la chute des avalanches. Nous rappellerons ici quelques-uns de ces évènements.

En 1478, une avalanche fit périr ensemble soixante soldats suisses.

En 1499, quatre cents soldats autrichiens furent ensevelis sous une masse de neige dans l'Erzgebirge; mais on réussit à les déblayer.

En 1500, une avalanche ensevelit, au passage du grand Saint-Bernard, une centaine de personnes.

En 1624, une autre avalanche, tombée du mont Cassedra, engloutit trois cents individus.

Au mois de février 1720, à Obergestlen, dans le Valais, cent vingt maisons furent détruites, et quatre-vingt-quatre personnes périrent avec quatre cents têtes de bétail.

En 1749, une avalanche emporta une grande partie du village de Ruæras (canton des Grisons), entraînant dans cette terrible tourmente cent personnes, dont soixante, heureusement, finirent par être sauvées. Cette avalanche était tombée si doucement que les habitants ne se réveillèrent même pas dans leurs maisons entraînées sur le flanc de la montagne; seulement ils trouvaient que le jour était long à poindre. Ce n'est qu'en sortant de leurs chaumières et en se voyant placés à une assez grande distance du lieu où ils étaient couchés la veille, qu'ils comprirent ce qui se passait, et se hâtèrent de se dérober à un péril imminent.

Au mois de janvier 1767, une avalanche tomba dans la vallée qui s'étend au pied de la Dent-de-Jarnan; elle renversa plusieurs gros sapins, entraîna une douzaine de granges inhabitées, et, passant par-dessus un cabaret d'Alliéres, en enlevant l'étage supérieur, sans que les personnes réunies au rez-de-chaussée éprouvassent le moindre mal.

Vers la même époque, le village de Saint-Antœnien fut atteint par la chute des neiges. Une femme de ce village fut retirée vivante de sa maison, après être restée huit jours ensevelie sous la neige.

Le 3 mai 1879 une avalanche se détacha du mont Pizzo d'Ormeo, près d'Ormeo (Piémont), et tomba, après une course furieuse, sur une partie du village qui porte le nom de Fascie di Viozena. Elle ensevelit seize maisons, sur dix-huit dont le village était composé, sous une masse de neige de 150 mètres de hauteur. Tout le bétail fut enseveli sous la neige. Les habitants, mis sur le qui-vive par un éboulement arrivé la veille, eurent heureusement le temps de s'enfuir avant la catastrophe.

IV

LES CHUTES ET ÉBOULEMENTS DE MONTAGNES

Les éboulements qui s'observent si souvent dans les montagnes, sont la conséquence de l'altération des roches qui composent la montagne.

Pour l'observateur peu réfléchi, il semble que les roches et les substances minérales soient absolument indestructibles, qu'elles représentent, pour ainsi dire, le type de la stabilité et de la durée. Mais un peu d'attention fait voir que les roches se détruisent sans cesse, et que toute substance minérale exposée à l'air et à la pluie est forcément vouée à la destruction. L'air, par son humidité, par son acide carbonique et son oxygène, exerce sur les roches exposées à son influence une puissance d'altération vraiment extraordinaire. Aucune roche ne résiste à l'action prolongée de l'air : calcaire et basalte, granit et porphyre, rien n'est à l'abri de l'attaque chimique de l'atmosphère et de l'eau. Ce que les poëtes et les rhéteurs appellent la *main du temps*, n'est autre chose que cette action chimique s'exerçant pendant un long intervalle. Les alternatives de chaleur et de froid sont de puissants auxiliaires de l'air dans cette œuvre de destruction. Le froid brise en fragments, par suite de la congélation de l'eau qui les a pénétrées, les pierres, que l'action chimique de l'air doit ensuite décomposer : c'est une division mécanique qui prépare et facilite une décomposition chimique[1]. Citons les exemples les plus frappants de ces diverses altérations.

Le *calcaire grossier* retiré des terrains tertiaires, avec lequel on bâtit les maisons de Paris, subit une désagrégation lente, qui le fait tomber en poussière. Le peuple attribue cette altération à la lune; il dit que *la lune mange les pierres*. Le savant hydraulicien Bélidor fait, à ce propos, la consolante remarque, que ces actions étant réciproques, et la terre étant bien plus grosse que la lune, elle doit lui en manger bien davantage.

Les statues de marbre laissées en plein air souffrent singulièrement de l'action de l'atmosphère.

Le feldspath, l'orthose, exposés à l'air, se décomposent rapidement. Ils perdent leur silicate de potasse, qui disparaît dans les eaux pluviales en raison de sa solubilité, et il ne reste que de l'argile. Ainsi se forme, sous nos yeux, l'argile dite *kaolin* ou *terre à porcelaine*.

C'est pour cette raison que le granit, formé de silicates divers (feldspath, quartz et mica), est loin de garantir la durée des édifices. Les murs de l'église Notre-Dame à Limoges, bâtie il y a quatre siècles, sont attaqués à une profondeur de 7 à 8 millimètres. Le puy de Dôme, roche trachytique, repose sur une base de granit; quand on y arrive du côté de Clermont-Ferrand, on croit marcher sur un dépôt de gravier, tant la roche est déjà désagrégée. Dans quelques carrières de granit, on a remarqué sur la roche exposée à l'air une décomposition superficielle, qui va jusqu'à 2 mètres de profondeur. C'est la même cause qui a donné leur forme arrondie à certains blocs ou *boules* de granit, que l'on trouve dans l'Erzgebirge de Saxe, et aux *boules de basalte*, si abondantes en Auvergne, qui s'exfolient et abandonnent successivement des couches concentriques de leur écorce.

1. Quand l'eau s'est infiltrée dans une roche, et que cette eau vient à se congeler, elle se dilate, résultat inévitable de son changement d'état, et cette dilatation provoque souvent la rupture de la roche.

Le basalte altéré de la même façon finit par tomber en poussière et par former une terre grasse très fertile.

Les grès de Fontainebleau exposés à l'air deviennent si tendres, au bout d'un certain temps, qu'on les réduit en poussière d'un seul coup de marteau.

Toutes ces remarques feront comprendre que, de nos jours et sous nos yeux, l'action combinée de l'eau et de l'atmosphère produise, en agissant sur les roches qui composent les montagnes, des éboulements, des chutes de terrains, etc., aussi désastreux quelquefois que les tremblements de terre ou les éruptions volcaniques.

Dans d'autres circonstances, les éboulements de terrain sont provoqués par les flots d'une rivière, qui rongent et minent sourdement le sol, et finissent par amener la chute de masses énormes de roches. D'autres fois, les eaux pluviales, s'infiltrant dans la terre et y produisant des courants souterrains, emportent la base des couches superficielles des montagnes. Des éboulements se sont produits par cette dernière cause dans la falaise crayeuse du cap de la Hève, près du Havre.

D'autres fois enfin, par une fissure existant entre les diverses couches superposées, une partie d'une montagne se détache du reste; privée ainsi de son soutien, elle se renverse ou glisse au bas du talus.

Ainsi, les montagnes se détruisent sans cesse : le froid fend et divise les roches, l'air les décompose, l'eau les lave et les emporte. C'est un nivellement général opéré par les seules forces de la nature.

Il ne sera pas sans intérêt de donner ici l'énumération des plus importantes catastrophes qui ont été produites par des causes de ce genre.

En 1248, une partie du mont Grenier, à 10 kilomètres au sud de Chambéry, tomba et couvrit cinq paroisses, y compris la ville de Saint-André. Le mont Grenier appartient au terrain jurassique (terrain oxfordien). Dans la nuit du 7 décembre

1248, une partie de cette montagne se détacha de sa base et tomba dans la vallée des Marches. Le fond de la vallée, formé d'un sous-sol argileux, avait été délayé par de longues pluies. Sous ce poids énorme, il ondula et bouillonna comme aurait pu le faire une surface liquide. De sorte que la plaine, jusqu'à une distance fort éloignée du centre de l'éboulement, se couvrit de mamelons ou de monticules entrecoupés de ravins et qui existent encore.

La petite ville de Saint-André disparut dans cette épouvantable convulsion, ainsi que les hameaux, les châteaux féodaux et les nombreux couvents qui parsemaient la contrée.

La coulée ou le mouvement des terres de la plaine poussées par la chute de la montagne s'arrêta devant l'église de Notre-Dame des Myans, qui devint très célèbre par ce miracle. Les Savoisiens regardent comme une impiété l'idée que l'élévation du terrain, au point où s'arrêtèrent les débris, ait quelque peu secondé les efforts protecteurs de la sainte Vierge.

Le sol dévasté qui fut le théâtre de cette catastrophe porte aujourd'hui le nom d'*abîme de Myans*. Les vignes occupent la plus grande partie de cet espace, sous lequel sont ensevelis plusieurs villages ou lieux d'habitation.

Le 25 août 1618, le bourg de Pleurs et celui de Schilono dans le val de Bregaglia (Lombardie) furent ensevelis par l'éboulement du mont Conto. Les quartiers de roche dont se compose cette montagne étaient minés par des ruisseaux et des sources; ils s'écroulèrent sur les deux bourgs. 2 430 individus y trouvèrent la mort; un lac prit la place de 200 maisons.

Le château de Borge, en Norvège, s'enfonça, le 5 février 1702, dans une crevasse souterraine creusée par le torrent Glommen, qui descend des monts Dofrines.

Les *Diablerets*, montagnes de la Suisse, entre le canton de Berne et celui du Valais, avaient autrefois quatre cimes. Peut-être en ont-ils perdu plusieurs dans le cours des siècles. Le 23 septembre 1713, un de ces sommets tomba tout à coup. Il couvrit de ses décombres une énorme étendue de terrain, et enseve-lit plusieurs centaines de cabanes. La chute de ces masses énormes souleva une poussière si épaisse, que pendant plusieurs heures l'air en fut complètement obscurci.

Au milieu de cette affreuse catastrophe, un pâtre du village d'Avon, dans le Valais, avait disparu; on le croyait au nombre des morts de cette journée funeste. Trois mois après, et pendant la nuit de Noël, il apparaît dans son village, pâle, amaigri et couvert de haillons. Aussitôt, grand effroi partout; la porte de sa maison se ferme devant lui; les paysans cherchent un prêtre pour exorciser le revenant, qu'ils ne veulent pas reconnaître. Le spectre parvient pourtant à se faire entendre, il réussit à calmer cet émoi, et raconte ce qui lui était arrivé. Au moment de la catastrophe, il se trouvait dans une hutte de bois; il tomba à genoux et se mit en prière. Une énorme roche s'abattit bientôt, et vint s'appuyer contre le mur au pied duquel était bâtie la cabane; cette roche, formant un abri, protégea le pâtre contre les masses qui passaient par-dessus sa tête. Quand tout fut rentré dans le calme, le pauvre homme, enterré vif sous les décombres, se mit à l'œuvre pour se dégager. Il lui restait de son dîner un morceau de fromage, et l'eau qui suintait à travers les pierres entassées sur sa cabane servit à le désaltérer. Au bout de quelques jours, qu'il n'avait pu compter, il put enfin sortir des ténèbres, comme Jonas sortit du ventre de la baleine. Ses yeux ne pouvaient d'abord supporter l'éclat du jour, et il fallut les y habituer avec de grandes précautions. Il rentra enfin au sein de sa famille, témoignage vivant d'un miracle de la Providence.

On voit aujourd'hui sur le théâtre de l'évènement d'énormes rochers brisés et fendillés qui barrent le chemin aux torrents de la montagne. Quelques morceaux de pâturages restés intacts, quelques troncs de sapins à demi noyés dans les eaux, voilà tout ce qui rappelle l'existence d'un vallon jadis florissant.

L'éboulement se renouvela dans les mêmes lieux en 1749

En 1740, d'après les *Mémoires de l'Académie de Stockholm*, une pluie d'orage, qui dura huit heures, détruisit et entraîna plusieurs collines dans l'ancienne province de Wermeland, voisine de la Norvège. Le mont Lidscheer se fendit et s'écroula; ses débris furent emportés par les eaux.

Des effets de ce genre s'observent quelquefois en Savoie. Un des évènements les mieux connus est celui qui se produisit en 1751, près de Sallanches, sur la route de Chamonix. Les neiges très abondantes de l'hiver de 1751 s'étant mêlées aux eaux d'infiltration qui minaient depuis longtemps cette montagne, un éboulement se manifesta, et 25 millions de mètres cubes de rochers tombèrent dans la vallée. Une immense quantité de poussière très fine fut le résultat de cette chute; cette poussière mit trois jours à se dissiper. Elle ressemblait tellement à de la fumée, que le bruit se répandit qu'un volcan s'était ouvert au milieu des Alpes. Le roi de Piémont envoya sur les lieux, et en toute hâte, le géologue Donati. Ce naturaliste arriva assez à temps pour voir les rochers continuer de s'ébouler avec un fracas terrible.

Horace de Saussure nous a conservé une lettre assez curieuse dans laquelle Donati donne une idée succincte de cet évènement[1].

En 1767, le bourg de Neumarkt fut englouti sous les eaux de l'Adige qui avaient miné le terrain sur lequel il était bâti.

La montagne de Piz, située sur le territoire de Trévise, était rongée à sa base par des eaux qui s'infiltraient par toutes ses fissures. En 1772, cette montagne se fendit en deux, une partie se renversa et ensevelit trois villages. Les ruines barrèrent le chemin à un ruisseau, qui ne tarda pas à former un lac. Le reste de la montagne tomba peu de temps après dans ce lac, le fit déborder et causa dans le pays une inondation terrible.

1. *Voyages dans les Alpes*, tome I, § 493

En 1792, plusieurs maisons de la ville de Lons-le-Saunier disparurent, et un lac qui se forma engloutit encore une partie de la route de Lyon à Strasbourg. Les eaux souterraines avaient miné le sol, qui s'était enfoncé.

Le 25 juillet 1825, vers cinq heures du soir, on entendit dans le village de Barlis (Hanovre) un éclat de tonnerre effroyable. Tout à coup un nuage de poussière obscurcit l'air, et la terre s'écroula avec fracas, sur une largeur de 40 mètres, en formant un gouffre dont on peut concevoir la profondeur par ce fait qu'un caillou emploie, dit-on, une minute pour arriver au fond.

En Irlande, il se forme un grand nombre de lacs par l'enfoncement des tourbières. C'est là que l'on peut voir le spectacle extraordinaire de forêts souterraines, c'est-à-dire de masses d'arbres abaissés brusquement au-dessous du sol, et qui continuent à verdir par le sommet des branches.

En Prusse et en Pologne il existe bon nombre de lacs qui ont été formés par des éboulements. Il suffit de citer, comme exemple de ce genre, le lac d'Arend, dans la marche de Brandebourg. D'après Strabon, des évènements de cette nature avaient lieu fréquemment dans les environs du lac Copaïs, en Béotie, qui est aujourd'hui un marais.

Le 29 janvier 1840, le mont Cernans, dans le Jura, descendit dans la plaine qui s'étend à sa base, et une partie de la route royale de Dijon à Pontarlier s'enfonça dans un trou de 50 mètres de profondeur, qui s'ouvrit en même temps. Cette partie de la route, désignée sous le nom de la *rampe de Cernans*, fut ainsi rendue impraticable. Le lendemain de cet éboulement, il se détacha une autre masse de terrain et de roches qui suivit la première. On suppose que cette catastrophe était due à une source souterraine qui avait tari vingt-cinq ans auparavant, et s'était épanchée sous le sol, qu'elle avait peu à peu rongé.

A Adersbach, en Bohême, un espace de 10 kilomètres carrés

est couvert d'un labyrinthe de blocs de grès, de 30 à 60 mètres de haut, qui sont les débris d'une montagne écroulée.

Des éboulements ou chutes de montagnes peuvent être produits par une action des plus curieuses : par le simple glissement d'un ensemble très étendu de couches de terrain, qui descendent, sans se séparer, sur une pente de la montagne.

Le village de Pradines était bâti sur une partie de la montagne de Perrier, située près d'Issoire. Du 22 au 23 juin 1737, tout ce village glissa jusqu'au pied de la montagne, entraînant avec fracas les arbres et les fermes. Une champ de vigne et une maison furent transportés sans éprouver aucun dérangement.

Les chroniqueurs racontent que la ville de Dordrecht, en Hollande, fut jadis transportée à une certaine distance de son emplacement primitif, avec le sol sur lequel elle est bâtie. Ce fait n'aurait rien d'improbable, d'après celui que nous allons raconter.

Vers 1806, après de grandes pluies, les couches de terre qui couvrent la montagne de Solutré, près de Mâcon, commencèrent à glisser sur les bancs de calcaire dont se compose la montagne. Elles s'étaient déjà déplacées de quelques centimètres et allaient ensevelir le village, quand les pluies cessèrent; avec elles s'arrêta le menaçant phénomène de cette avalanche de terre.

Une partie du mont Goïma, situé dans l'État de Venise, se détacha pendant une nuit, et descendit doucement sur la pente de la montagne jusqu'au fond de la vallée, avec toutes les maisons qui s'y trouvaient, et sans qu'une seule des maisons fût renversée. Les habitants n'avaient rien senti. A leur réveil, ils furent étrangement surpris de se voir au bas de la montagne. Ils croyaient à un évènement surnaturel. L'examen des lieux leur fit promptement reconnaître la nature de l'étonnante promenade qu'ils venaient de faire en dormant.

Mais les évènements de ce genre ont presque toujours de plus terribles suites. Il suffira de citer en exemple les deux catastrophes qui frappèrent en 1795 et en 1806 les villages de Waeggis et de Goldau.

Le village de Waeggis est bâti au bord du lac de Lucerne, au-dessous du mont Righi. Au mois de juillet 1795, à la suite d'un orage, un torrent fangeux, d'un kilomètre de largeur et de plusieurs mètres de hauteur, descendit de la montagne, inonda et entraîna dans le lac une partie de ce village. Heureusement la descente des terres se faisait avec assez de lenteur. Elle dura quinze jours, ce qui permit aux habitants de sauver ce qu'ils possédaient. On voit encore, au Righi-Staffel, une trace de cet évènement dans un énorme bloc de rocher posé à plat sur deux autres dressés verticalement, de manière que le tout forme une sorte de portique.

L'année 1806, dont les pluies, comme nous l'avons raconté plus haut, faillirent devenir si funestes pour Solutré, en France, fut marquée par la terrible catastrophe de Goldau. Au centre de la Suisse, dans le canton de Schwitz, sont situés le lac de même nom et un autre lac plus petit, celui de Lowerz. Entre leurs rives s'étend la belle vallée de Goldau. D'un côté, le Righi s'élance à 1400 mètres de hauteur; de l'autre côté, à 1100 mètres, le mont Ruffi, ou Rosenberg. Ce sont des montagnes composées de couches de cailloux pétris d'une sorte de grès ou de marne à grains fins. Le 2 septembre, une partie de ces masses conglomérées se détacha du mont Ruffi. Dans la matinée, les habitants de Goldau entendirent un craquement terrible. A cinq heures du soir, les couches qui s'étendaient entre le Spitzbuel et le Steinbergerflue se séparèrent de la montagne, et se précipitèrent, avec le bruit du tonnerre, dans la vallée, d'où leurs décombres remontèrent en bondissant le long de la base du Righi. Ces couches avaient une longueur de près de 4 kilomètres, 30 mètres de haut et plus de 300 mètres de large. En cinq minutes, les vallées de Goldau et de Busingen furent couvertes d'un amas de roches de 30 à 70 mètres de hauteur. Les villages de Goldau, Busingen, Lowerz, Ober-Rother et Unther-Rother furent complètement ensevelis sous les débris de la montagne. Une partie du lac de Lowerz fut comblée; ses eaux s'élevèrent à plus de 20 mètres et allèrent dévaster tout le pays

FIG. 5. — LA VALLÉE DE GOLDAU AVANT L'ÉBOULEMENT.

d'alentour jusqu'à Seewen. Deux églises, cent onze maisons, deux cent vingt granges et étables furent écrasées avec quatre cent quatre-vingt-quatre habitants sous les gigantesques décombres. Un petit nombre seulement échappa au désastre : ceux que le hasard avait à ce moment éloignés de leurs demeures; mais ils perdirent tout ce qu'ils possédaient au monde. Le dommage a été évalué à deux millions et demi.

Au milieu de la solitude pierreuse, toute couverte d'herbe et de mousse, où furent jadis de florissants villages, et que traverse maintenant la grande route d'Arth à Schwitz, on a érigé

FIG. 6. — LA VALLÉE DE GOLDAU APRÈS L'ÉBOULEMENT.

une chapelle, destinée à rappeler le souvenir de cet évènement funeste.

Un éboulement de roches dont les conséquences ont été presque aussi graves que la chute du Rosenberg, s'est produit le 12 septembre 1881, dans la vallée de la Scruft, près de Glaris (Suisse). A la suite de pluies abondantes, la portion de montagne connue sous le nom de *Flattenberg*, s'est détachée et a recouvert le hameau d'Unterthal et une partie du village d'Elm d'une couche de pierres et de débris de plus de 20 mètres de hauteur.

114 personnes sont restées ensevelies sous la masse de terre et de roches éboulées.

V

LES SOURCES

Quand l'air humide, poussé par le vent, monte le long des flancs d'une montagne, il se refroidit, et à une certaine hauteur il devient nuage ou brouillard. En s'élevant davantage, ce nuage se résout en pluie. Si cette pluie vient à tomber sur de très grandes hauteurs, elle se congèle, et couvre d'une couche de neige le sommet de la montagne. Le refroidissement de l'air parvenu dans ces hautes régions est dû à la raréfaction qu'il subit nécessairement dans les parties supérieures de l'atmosphère. Quelques centaines de mètres suffisent, à cette élévation, pour produire un abaissement de température d'un ou de plusieurs degrés. On comprend dès lors la masse énorme de neige qui doit résulter de la condensation des vapeurs contenues dans ces grands volumes d'air, chargés d'exhalaisons marines, que les vents portent aux sommets des Alpes, des Cordillères ou de l'Himalaya. C'est pour cette raison que les chaînes de montagnes sont le berceau des plus grands fleuves. Le Rhône et le Rhin, par exemple, doivent leur origine au vent humide du sud-ouest qui passe sur les Alpes; le bassin du Pô s'alimente de la même manière par les vents du sud, et le Danube par les vents d'est, qui déposent leur humidité sur la grande chaîne centrale de l'Europe.

Ainsi tombée sur les hauteurs, l'eau s'infiltre dans le sol;

elle reparaît plus loin et plus bas, sous la forme de *sources*, qui descendent dans les vallées. En même temps, la fonte annuelle des neiges qui couronnent les hautes cimes, alimente abondamment les petites rivières qui descendent des montagnes; de sorte qu'après les crues d'hiver qui résultent des pluies de cette saison, arrivent les crues d'été provenant de la fonte des neiges.

Ainsi, des masses énormes d'eau sont toujours en circulation entre l'atmosphère et la terre; elles tombent sans cesse en pluie ou en neige, pour remonter sans cesse en vapeur; cet éternel échange produit l'*arrosement du globe*, phénomène capital et agent essentiel de sa fertilité.

Ce rôle fondamental des pluies dans l'économie de la nature est exprimé par Lucrèce dans les beaux vers où il nous montre les produits de la nature, les fruits, les blés et les forêts verdoyantes, naître à la suite des pluies, être pour ainsi dire engendrés par les pluies, par une sorte de fécondation dans le sein maternel de la terre.

> Postremo pereunt imbres, ubi eos pater Æther
> In gremium matris terraï præcipitavit :
> At nitidæ surgunt fruges, ramique virescunt
> Arboribus; crescunt ipsæ, fœtuque gravantur.
> Hinc alitur porro nostrum genus atque ferarum;
> Hinc lætas urbes pueris florere videmus,
> Frondiferasque novis avibus canere undique silvas[1].

Les eaux qui se sont condensées au sein de l'atmosphère, et qui retombent en pluie sur la terre, sont chimiquement presque pures : on les nomme *eaux douces*, par opposition aux *eaux salées* de l'Océan. Une partie de cette eau qui tombe sous forme de rosée, de pluie ou de neige, s'évapore de nouveau, par la chaleur terrestre ou solaire; une autre portion

1. (Lib. I.) « Enfin les pluies disparaissent; où l'éther les a-t-il précipitées dans le sein maternel de la terre ? Ce qui est certain, c'est que l'on voit alors surgir les blés, les arbres se revêtir de verdure, croître et se charger de fruits. C'est de là que le genre humain et tous les animaux tirent leur nourriture; c'est ainsi que les villes se remplissent d'une florissante progéniture et que les forêts verdoyantes résonnent du chant des jeunes oiseaux. »

glisse à la surface du terrain, et ruisselle le long de ses pentes. Ce sont les *eaux sauvages*, que l'on voit couler sur le sol après une pluie abondante. Une dernière partie s'infiltre dans la terre, y pénètre à des profondeurs variables, et s'y réunit en masses souterraines, qui cheminent entre les couches de terrains superposées.

Telle est l'origine de la couche d'eau qui existe à peu de profondeur dans tous les terrains perméables, et qui alimente les puits des maisons. Dans beaucoup de pays, la couche d'eau est très voisine du sol. A Paris, par exemple, on ne peut creuser à 5 ou 6 mètres sans la rencontrer; l'établissement des égouts sous les rues de la capitale exige, comme première opération, l'épuisement de la nappe aquifère du terrain.

Telle est aussi l'origine des *sources* ou *fontaines naturelles*. Elles ne sont autre chose que les eaux pluviales réunies dans des cours souterrains, et se faisant jour à un point situé plus bas. L'eau fournie par les sources, s'ajoutant aux *eaux sauvages*, donne naissance aux *ruisseaux*, qui, réunis, forment les *rivières* et les *fleuves*.

L'eau qui ne trouve pas d'issue s'épanche en *marais*. Ces accumulations d'eaux stagnantes résultent le plus souvent de cours d'eau qui rencontrent un terrain horizontal ou ascendant. D'autres fois ils se forment sur place, par la stagnation de l'eau des sources qui s'échappent du sol. Si le terrain offre des dépressions dans lesquelles l'eau puisse s'accumuler, on aura les *lacs des montagnes* ou les *étangs des plaines*, réservoirs naturels qui se forment à toutes les hauteurs. Il n'est pas rare qu'une rivière traverse ces bassins; ses flots rafraîchissent et renouvellent constamment les eaux du lac ou de l'étang.

Étudions les *sources* ou *fontaines naturelles*.

Ces filets d'eau, qui s'échappent, avec plus ou moins d'abondance, des fentes d'un rocher solitaire ou du sol d'une verte prairie, forment dans un paysage les points de repos les plus poétiques. Par la limpidité de leurs flots, sortis des profondeurs mystérieuses de la terre, par le gai murmure des eaux, qui saluent pour la première fois la lumière du jour, enfin par la végétation qui les entoure et se baigne dans l'onde vivifiante, les sources exercent sur l'âme humaine un charme tout particulier. La douce impression qu'éveille en nous la vue d'une belle fontaine naturelle, avait rendu certaines sources célèbres dans l'antiquité. Qui ne connaît la source de l'*Hippocrène*, située au pied du mont Hélicon, et la *fontaine de Castalie*, dans le vallon du Parnasse, consacrées l'une et l'autre aux Muses du paganisme? Un pauvre et triste village marque aujourd'hui la place où s'élevaient jadis la fière Delphes et ce mystérieux temple d'Apollon où la Pythonisse allait puiser ses inspirations dans les eaux Castaliennes. Cette source, immortalisée par les souvenirs de la Grèce, est aujourd'hui dédiée à saint Jean. Une petite chapelle s'élève près de ses bords ; un figuier, entouré de lierre et de broussailles, ombrage son bassin. La fraîcheur de cette source est telle, qu'on est saisi de frisson lorsqu'on y plonge les mains. La Pythonisse ne prenait-elle point pour l'obsession divine la fièvre que devait lui donner le contact glacial de cette onde?

Une autre source célèbre est celle d'*Aréthuse*, dans l'île d'Ithaque, où les troupeaux d'Ulysse allaient se désaltérer : « Va, dit la déesse à Ulysse, quand il retourne dans son royaume, va trouver d'abord celui qui garde les troupeaux auprès de la roche Coracienne, où coule l'eau de l'« *Aréthuse aux flots noirs* ».

La fontaine d'Aréthuse est située dans l'intérieur de l'île d'Ithaque, à trois lieues de la mer. C'est un bassin étroit, placé au sommet d'un haut ravin et alimenté par les eaux qui suintent des rochers qui le surplombent. Lorsqu'on s'assied près des ruines d'une route qui recouvrait autrefois ce bassin, on voit les pentes de la vallée toutes tapissées de plantes à larges feuilles et de broussailles odoriférantes; plus loin, à travers une éclaircie, le regard découvre un coin de la surface bleue de la mer. Du sommet du rocher se déroule un horizon étendu, qui embrasse les îles et les montagnes de la Grèce. C'est dans cette solitude enchanteresse que le héros de l'Odyssée vint, il y a trois mille ans, se reposer et boire à la source qui abreuve aujourd'hui les chevriers théakiens. Le physicien Dodwell, qui a visité ce lieu célèbre, loue cette eau claire, fraîche, agréable au goût, et qui sort d'une roche couverte de mousse. Le bassin a une profondeur de plus d'un mètre; on l'a entouré d'un mur, pour empêcher le débordement des eaux. En sortant d'un orifice percé dans le mur, l'eau tombe dans une auge où s'abreuve le bétail. En 1798, les Français ont eu cette île en leur possession, et ils ont laissé les traces de leur court passage par cette inscription, qui se lit encore sur le rocher d'Aréthuse : *Liberté, Égalité, Fraternité.*

Partout bienfaisantes, les sources acquièrent une importance particulière dans les arides déserts de l'Afrique. Dans ces lieux solitaires, elles donnent la vie aux îles de verdure qu'on appelle *oasis.* La Bible nous parle des sources de Marah et d'Élim, dans le désert d'Arabie; on corrigeait déjà leurs eaux saumâtres, comme on le fait encore aujourd'hui pour celles du désert, en y exprimant le suc de certaines plantes.

Les sources se rencontrent dans tous les terrains et à des hauteurs très variables; mais elles sont plus fréquentes dans les terrains stratifiés, qui permettent à l'eau de se rassembler et de se creuser un lit souterrain.

Les montagnes granitiques et schisteuses donnent naissance à de nombreuses sources, mais leur volume est généralement faible. Les roches éruptives, telles que les porphyres, les trachytes, etc., en produisent aussi un grand nombre. On en trouve beaucoup, par exemple, dans la chaîne du mont Dore, où elles forment souvent de belles cascades; nous ne citerons que celles du *Dorza*, à la base du pic de Sancy, et celle qui existe à peu de distance des bains du Mont-Dore.

La fréquence, mais le peu d'importance des sources qui sortent des granits, des gneiss et des micaschistes, s'explique faci-

FIG. 7. — LA FONTAINE DE VAUCLUSE.

lement par les fissures et crevasses de ces terrains, qui, divisant l'eau d'infiltration en une infinité de filets, la laissent suinter dans tous les sens. Néanmoins, comme les montagnes granitiques sont ordinairement d'une grande élévation, leurs sommets neigeux donnent naissance à des sources volumineuses qui deviennent de véritables rivières. Le Rhône, le Pô, le Rhin, le Danube ont leur origine dans les hautes Alpes. Dans les montagnes calcaires formées de roches tendres, à couches horizontales, l'eau pénètre facilement à travers les gerçures verticales, et se rassemble dans des réservoirs souterrains, ou cavernes, qui se rencontrent en grand nombre dans les terrains calcaires. C'est pour cette raison que les sources y ont quelquefois un si grand volume, et qu'elles donnent immédiatement naissance à de puissants cours d'eau. Alimentées par une infinité de petits tributaires, elles forment des rivières dès leur émergence. Telle est, dans le Jura, la Loue, qui met en mouvement plusieurs usines dès qu'elle sort de terre. Telles sont encore la *fontaine de Vaucluse*, près d'Avignon la *fontaine de Nîmes*, et un grand nombre d'autres sources françaises.

Immortalisée par le séjour de Pétrarque, la fontaine de Vaucluse coule à cinq lieues de la ville d'Avignon. Quand on est arrivé au village de Vaucluse, on n'a plus qu'un kilomètre à parcourir pour arriver à la fontaine. On aperçoit au-dessus du village des ruines qui portent, sans aucun motif, le nom de *château de Pétrarque*. On entre alors dans un vallon étroit, bordé de rochers escarpés aboutissant à un mur taillé à pic, par lequel le vallon se ferme brusquement comme un cul-de-sac : c'est de là qu'est venu le nom de Vaucluse (*vallis clausa*). La source sort du pied de ce mur. On voit jaillir de ce point une vingtaine de torrents, de la grosseur du corps d'un homme; ils se précipitent avec fracas et forment la rivière de la Sorgue. Au-dessous du mur qui ferme le vallon, est un bassin circulaire de vingt mètres de diamètre, entouré d'énormes blocs de rochers et creusé en entonnoir, dans lequel les eaux de la fontaine se maintiennent à des hauteurs variables. On n'a jamais trouvé le fond de cet abîme. L'excavation du bassin s'étend sous les rochers, et de vastes canaux souterrains y amènent les eaux abondantes qui proviennent de la fonte des neiges. Les blocs entassés en avant du bassin sont couverts d'une mousse d'un vert noirâtre, qui croît sur une terre calcaire blanche et poudreuse déposée par les eaux.

Sur le bord du bassin on avait érigé, en 1809, une colonne portant cette inscription : *A Pétrarque*. Bien qu'elle fût taillée sur le modèle de la colonne Trajane à Rome, elle parut d'un effet si mesquin, comparée à la grandeur de la scène naturelle qui l'entourait, et aux rochers immenses dont la hauteur la rapetissait d'un façon démesurée, qu'il fallut l'enlever. On la transporta à l'entrée du village, où elle est encore debout.

Tout le monde sait que l'immortel Pétrarque alla chercher dans le vallon solitaire de Vaucluse les charmes du recueillement et de la solitude.

L'effet tantôt majestueux, tantôt riant et pittoresque de la fontaine de Vaucluse, s'explique par les alternatives de l'éruption des eaux. Au point précis de la source, un énorme rocher s'élève tout d'une pièce, à une hauteur de plus de 200 mètres, surplombant d'une façon menaçante la tête du touriste. Si les eaux sont basses, le visiteur voit à ses pieds un précipice horrible, incomplètement rempli d'eau; si elles sont hautes, il a devant lui une cascade jetant sur une série de rochers une masse effroyable d'eau, qui se brise et se réduit en écume avec un fracas épouvantable.

Dans les crues annuelles ordinaires, l'eau se divise par chutes inégales entre les blocs de rochers, qui sont entièrement recouverts d'une mousse d'un vert noirâtre; la cascade offre alors un aspect varié de formes et de couleurs. Mais après les grandes pluies, par suite de l'abondance de l'eau, c'est une véritable rivière qui sort du rocher, offrant l'aspect d'un immense manteau aux franges d'écume.

VI

LES GROTTES ET LES CAVERNES

Nous pouvons placer à la suite des sources et eaux souterraines les grottes et les cavernes. Les cours d'eau souterrains jouent, en effet, un grand rôle, non dans la formation primitive de ces cavités, mais dans leur agrandissement, qui résulte de l'érosion de leurs parois par des rivières souterraines.

Les cavernes se composent ordinairement de plusieurs salles, quelquefois d'une incroyable étendue. Les ramifications tortueuses qu'elles forment ne sont pas toujours parallèles au sol. Il en est qui descendent comme par des gradins, ou qui s'enfoncent verticalement comme des puits.

On donne le nom de *grottes* aux petites cavernes.

Il n'est pas rare de rencontrer dans les cavernes de vastes réservoirs d'eau, et même des rivières qui les traversent dans une partie de leur étendue. Les parois des cavernes sont tantôt lisses et unies, tantôt creusées, fracturées et parsemées d'aspérités, selon la nature de la roche qui les compose.

Le silence de la mort qui règne dans ces vastes et ténébreuses solitudes; leur architecture étrange; leurs murailles tapissées de quartz (cristal de roche), qui brillent à la lueur incertaine des torches; les colonnes immenses, qui se dressent de loin en loin, et semblent les piliers destinés à supporter ces fantastiques édifices; leurs couloirs sans issues; leurs salles spacieuses qui répercutent et renforcent le son de la voix; l'air pesant et peu respirable qui les remplit : tout, dans ces sombres lieux, est une cause de superstitieuse terreur. Aussi, bien des légendes sinistres se rattachent-elles à ces antres mystérieux. Dans l'antiquité, les prêtres païens y célébraient leurs rites sanguinaires. C'est ce que la tradition rapporte, par exemple, de la caverne du dieu *Thor*. Dans l'Inde, à Ellora, à Éléphanta, à Salsette, les cavernes sont encore aujourd'hui consacrées à la célébration des mystères religieux. En France, pour ne pas sortir de notre pays, les cavernes et les grottes qui s'étendent sous le massif des montagnes des Cévennes, donnèrent asile, aux temps de la persécution des protestants (1670-1700), aux religionnaires proscrits.

Quelle est l'origine, le mode de formation géologique des cavernes et des grottes? Ces grandes excavations souterraines sont le résultat des fractures ou fissures du globe occasionnées par son refroidissement. Les grands vides qui demeuraient béants par suite des fissures du globe, ont été, pour la plupart, remplis par des éruptions de matières granitiques, basaltiques ou autres; et c'est ainsi que se sont formés les *amas* et les *filons*. Mais toutes ces cavités ne se sont pas remplies : ces dernières ont formé les cavernes. Leurs dimensions, souvent médiocres dans l'origine, se sont plus tard considérablement agrandies par le courant des eaux et rivières souterraines qui ont érodé leurs parois. La capacité de beaucoup de cavernes a été encore accrue par les eaux du déluge, à l'époque quaternaire. C'est ce dont témoignent leurs contours arrondis, les surfaces lisses que présente leur intérieur, et surtout les dépôts de limon, mêlés d'ossements fossiles et de cailloux roulés, que l'on y découvre au-dessous d'une croûte de stalagmites.

Il est probable que les os d'animaux antédiluviens qui remplissent tant de cavernes, ont été introduits dans ces cavités par des orifices verticaux, par des puits, dans lesquels s'engouffraient les flots du courant diluvien.

Dans les *cavernes à ossements*, le sol est ordinairement couvert d'une croûte épaisse de stalagmites (amas de carbonate de chaux formés par les eaux d'infiltration). Si l'on enlève, à la pioche, cette couche, on arrive à l'assise d'argile et de cailloux roulés qui renferme les os fossiles. Là où cette croûte de stalagmites n'existe pas, les ossements font défaut, peut-être parce que ce sont précisément les stalagmites qui ont préservé les os de la décomposition. Au-dessus de ces stalagmites, dont l'origine paraît remonter à une époque fort reculée, on rencontre généralement des dépôts d'alluvion beaucoup plus modernes, qui se composent d'une argile grise ou noirâtre, mêlée de débris organiques. Toutes ces couches de sédiment, qui dans les cavernes à ossements recouvrent les débris organiques, ont empêché longtemps de soupçonner les richesses fossiles de certaines cavernes, pourtant bien connues.

Les plus renommées parmi les cavernes à ossements sont celles de Gailenreuth, en Bavière; de Baumann, dans les montagnes du Harz; d'Adelsberg, en Carniole (Illyrie); du pic de Derbyshire, de Kirkdale, en Angleterre, etc.; de Lunel-Viel (Hérault), d'Echenoz et de Fouvent (Haute-Saône), etc., en France; le Mammouth's Cave, dans le Kentucky (Amérique), etc.

Les cavernes dont nous venons de parler intéressent le géologue, en raison des quantités considérables d'ossements fossiles qu'elles ont fournis, et des difficultés que soulève l'explication rigoureuse de la présence de tant d'ossements dissemblables accumulés dans le même lieu. Mais il en est qui, pour ne renfermer aucun débris d'animaux fossiles, n'en présentent pas moins un intérêt très vif pour le géographe ou le simple touriste. Nous allons passer rapidement en revue quelques-unes des cavernes les plus renommées du globe, en nous attachant seulement au côté pittoresque de ces régions souterraines que l'on a si rarement l'occasion d'explorer.

On compte parmi les plus grandes cavernes celle de Guacharo, située dans la vallée de Caripe, en Colombie, qui fut visitée par de Humboldt. On y entre par une voûte de 24 mètres de hauteur sur 27 de largeur. La roche escarpée qui la domine est couverte d'une végétation luxuriante, composée d'arbres gigantesques, de buissons en fleur et de lianes qui pendent de la voûte en guirlandes et festons, sans cesse agitées et balancées par le courant d'air. En suivant le lit d'un large ruisseau qui sort de la grotte, de Humboldt trouva encore, 40 mètres plus loin, le même ruisseau bordé de bananiers aux larges feuilles, qui atteignaient une élévation de 6 mètres. Jusqu'à une distance de 140 mètres de l'orifice, la lumière du jour pénétrait encore assez avant pour qu'on pût se dispenser d'allumer des torches, car la grotte conserve, sur une grande longueur, la même direction. En poussant plus loin, on entendit les cris des oiseaux de nuit, appelés *Guacharos*, qui font leur séjour au fond de cet antre. Ils nichent dans les innombrables crevasses dont la roche est percée, à 20 mètres environ au-dessus du sol. Leurs cris, répercutés par les parois de la voûte, produisaient une indescriptible clameur.

Jusqu'à une distance de 485 mètres de l'orifice, la grotte conserve les dimensions de l'entrée. L'ombre festonnée des stalactites se projetait en noir sur le fond lumineux d'une belle colline que le soleil éclairait de ses rayons, et qui faisait face à l'entrée de la grotte. Il fallut ensuite se hisser sur une élévation abrupte où le ruisseau forme une cascade. A partir de ce point, la hauteur de la voûte se réduit à 13 mètres environ, et le sol est couvert d'un terrain noir sur lequel poussent quelques herbes rabougries. Mais à mesure que le corridor se rétrécissait, les cris des oiseaux devenaient plus assourdissants. Ces clameurs firent tant d'impression sur l'esprit des guides indiens, qu'ils refusèrent de s'avancer plus loin : ce qui mit un terme à l'exploration de Humboldt. Il avait pénétré jusqu'à 820 mètres de l'orifice, quand il fut contraint de revenir sur ses pas.

Au pied des coteaux calcaires qui bordent la rivière Verte, dans le Kentucky (Amérique du Nord), à plus de 100 kilomètres au sud de Louisville, se cache, sous les broussailles d'une végétation exubérante, l'entrée de la plus vaste des cavernes connues jusqu'à ce jour : la *caverne du Mammouth*. On a déjà exploré une dizaine de lieues dans ce dédale, sans en bien connaître tous les replis, qui se noient dans d'épaisses ténèbres. Un voyageur, M. L. Deville, en a donné une intéressante description.

Accompagné de l'un des nombreux guides qui se trouvent à l'entrée de la caverne pour diriger les touristes, et muni d'une lampe de mineur, notre voyageur descendit d'abord 60 marches. Il se trouva alors dans une galerie haute et large d'une vingtaine de mètres et longue d'un kilomètre, à laquelle on a donné le nom de *salle d'Audubon*. Elle aboutit à la *Rotonde*, vaste salle d'où rayonnent de nombreux couloirs. Un de ces couloirs conduit à un carrefour dont la voûte forme une nef immense, décorée de longues stalactites, et que l'on appelle l'*Église*. Des concrétions de stalactites calcaires y forment des colonnades, des stalles, et y dessinent même une sorte de chaire où plus d'un ministre protestant est venu prêcher. En sortant de ce temple naturel, on arrive, par une série de corridors, à la *chambre des revenants*, où l'on a découvert autrefois une immense quantité de momies indiennes. Ce vaste cimetière d'une race disparue sert aujourd'hui de buvette ; les femmes des guides y tiennent des rafraîchissements et même des journaux. Quelques malades qui habitent ces souterrains pour profiter de leur atmosphère salpêtrée, se réunissent dans cette partie de l'immense catacombe.

Si l'on descend le long de plusieurs échelles, et que l'on franchisse un vieux pont de bois dont l'apparence de vétusté est peu rassurante, on arrive à un étroit sentier dont la voûte finit par s'abaisser tellement, qu'il faut marcher en rampant ; ce couloir a reçu le nom expressif de *chemin de l'Humilité*. Il aboutit à la *chaire du Diable*, sorte de balcon au-dessous d'une ouverture taillée dans le rocher, et conduit à l'*Abîme sans fond*.

C'est un noir précipice, dont la profondeur surpasse toute imagination. Des cornets de papier huilé que l'on y jette enflammés s'éteignent avant d'arriver au fond. On raconte que deux nègres fugitifs, poursuivis à outrance dans ce sombre labyrinthe par leurs persécuteurs, se sont précipités dans le gouffre. Une corde de 300 mètres n'atteint pas le fond de cet

FIG. 8. — LA GROTTE DU MAMMOUTH.

abîme. En montant et descendant toujours, on arrive sur l'immense *dôme du Mammouth*, dont la coupole, qui a 100 mètres d'élévation, se perd dans les ténèbres. Un sentier qui s'élève en tournoyant mène presque au sommet de ce dôme, qui consiste en une voûte noire parsemée de cristaux brillants : c'est la *Chambre étoilée*. Éclairée par une lampe, cette coupole, tout incrustée de brillantes stalactites, scintille comme le ciel d'une nuit d'été. Par une adroite gradation de la lumière, les guides avaient imité le lever de l'aurore ou l'arrivée de la nuit.

Après avoir traversé, à quelque distance de là, un bassin de 8 à 10 mètres, et que l'on appelle *Dead sea* (mer Morte) (fig. 8), on arrive à un large cours d'eau, qui porte le nom de *Styx* et qu'il faut traverser en canot.

Au bout d'une demi-heure de navigation, on met pied à terre sur un sable fin. A quelque distance on aperçoit une petite source sulfureuse, puis l'*avenue de Cleveland* qui mène au *salon de Neige*, dont les murailles sont d'une éclatante blancheur. Des sentiers très accidentés conduisent de là aux *montagnes Rocheuses*, amas de rochers détachés de la voûte, à travers lesquels on parvient à la *grotte des Fées*, où les stalactites forment des colonnades, des arceaux et des arbres d'un aspect magique. Le bruit des gouttes d'eau qui tombent de toutes parts donne d'étranges sonorités à ce sombre labyrinthe. Au fond de la salle est un groupe gracieux qui imite un palmier d'albâtre, au sommet duquel jaillit une source.

Quand on est parvenu à la *grotte des Fées*, on a parcouru quatre lieues. Il faut dix lieues pour l'aller et le retour. Aussi, quand on revient de cette longue excursion souterraine, on salue la lumière du jour avec une satisfaction facile à comprendre.

Les grandes cavernes de la vallée de Castleton en Angleterre, dont l'une a une longueur totale de plus d'un kilomètre, rappellent, sauf leur moindre étendue, les magnifiques grottes souterraines de l'Amérique du Nord, que nous venons de décrire. Elles offrent aussi une suite d'évasements successifs et d'étranglements, des gouffres sans fond, des lacs souterrains qu'il faut traverser en bateau, des piliers immenses, formés de brillantes stalactites, qui supportent la voûte, et étincellent par la réflexion de la clarté des torches; elles réunissent enfin tout le merveilleux spectacle que présentent les grottes souterraines.

Une autre grotte à stalactites célèbre est celle de l'île Antiparos, située dans l'Archipel grec. On y descend par un puits, au moyen d'une échelle de corde, et l'on arrive ainsi à une très belle grotte de 70 mètres de haut sur 80 de large. Au fond de la grotte, on aperçoit une pyramide isolée, haute de 15 mètres, semblable à une tiare relevée de plusieurs chapitaux cannelés; M. de Nointel y fit célébrer la messe en 1673, devant une nombreuse assistance.

La *grotte de Han* est la plus grande curiosité naturelle de la Belgique. Quatre fois plus grande que la grotte d'Antiparos, parcourue, comme celle d'Adelsberg, par une rivière intérieure, pouvant être traversée d'un bout à l'autre sans que l'on ait besoin de revenir sur ses pas, placée dans un vallon délicieux arrosé par la rivière la Lesse, la grotte de Han mérite d'être visitée par les amateurs des merveilles de la nature.

Le nom de *Han* est d'origine turque. Un *han* est un lieu couvert dans lequel se trouvent plusieurs séparations, ou salles, pouvant servir de centre de réunion. Il est probable que c'est à un usage de ce genre que servit cette grotte, en des temps reculés. Elle a donné son nom au village de Han.

Il est facile de reconnaître que l'entrée de cette grotte a été habitée autrefois. Les découvertes que l'on y a faites à différentes époques, telles que diverses pièces de monnaie, des clefs anciennes, des outils de maréchal, des ossements humains, en sont la preuve. Cependant elle n'a jamais pu servir que d'habitation passagère, tant par son humidité qu'à cause de la rivière qui la parcourt à l'intérieur.

Le voyageur qui part de Bruxelles arrive en quelques heures à la station de Jemelle, à une lieue de Han. Partant de Jemelle, il traverse Rochefort, et arrive au village de Han. Avant de s'engager dans les profondeurs de la grotte souterraine ou l'attendent mille spectacles variés, il contemple le gouffre dans lequel viennent se jeter les eaux de la Lesse. Cette rivière s'introduit en ce point de la grotte par une série de cascades, pour reparaître plus loin, à l'intérieur de la caverne.

Nous n'entreprendrons pas de donner la description détaillée des nombreuses curiosités naturelles que le visiteur trouve sur ses pas, pendant le trajet, qui dure trois à quatre heures, à l'intérieur de la grotte de Han. Contentons-nous de dire que l'on parcourt une série de vastes salles, de hauteurs différentes, décorées, comme toutes les grottes de ce genre, de stalactites qui étincellent à la lumière des torches, et coupées de précipices, qui doivent rendre circonspect le voyageur en quête d'émotions ou de surprises.

En France, la *grotte de Miremont*, ou *Trou de Granville*, qui est à peu de distance de Bagne, se compose d'une longue file de chambres très régulières, dont les plafonds offrent des incrustations siliceuses.

Une grotte très remarquable par l'élégance de ses colonnes et ses piliers de stalactites, est celle de Ganges (Hérault), connue sous le nom de *grotte des Demoiselles*. Elle est creusée dans le terrain silurien, tandis que la plupart des cavernes du globe appartiennent au calcaire jurassique.

La grotte des Demoiselles occupe l'intérieur de la colline du Taurat, à quelques centaines de mètres du village de Saint-Bauzille et à une lieue de la ville de Ganges. L'ouverture de la grotte est placée sur le plateau de la colline du Taurat. De ce plateau, recouvert de chênes verts, on domine le vallon, un frais vallon cévenol, encadré de montagnes et traversé par l'Hérault.

La décomposition, l'altération des basaltes par l'action de l'air ou des eaux, a formé plusieurs grottes naturelles, qui revêtent un aspect tout particulier d'élégance par leurs hautes colonnes prismatiques. La plus célèbre de ces grottes basaltiques est celle de l'îlot de Staffa : on la connaît sous le nom de *grotte de Fingal*.

On trouve dans la même île la grotte de *Boat*, de *Cormorant*, etc.

Staffa n'est qu'un bloc de basalte, resté debout au milieu d'une masse éruptive qui forme l'île de Mull, sur la côte occidentale de l'Écosse. La grotte de Fingal, que les vagues ont creusée dans le basalte, s'ouvre sur la mer, par une entrée de 20 mètres de hauteur sur 12 de large. Elle est formée de deux rangées de colonnes verticales parfaitement régulières, et surmontées d'un cintre naturel. L'intérieur est une grande voûte, de proportions si élégantes qu'elle semble avoir été ciselée par des artistes. Chaque pilier, et même chaque fragment de pierre, est exactement prismatique et taillé à faces régulières. La mer passe d'un bout à l'autre de la grotte. La lumière du jour devient très faible à son extrémité. Grâce à ce demi-jour, les petites colonnes prismatiques groupées semblent figurer le chœur d'une église, avec ses orgues noircies par le temps. Quand la mer est tranquille, on distingue sous les eaux, profondes de 5 mètres le fond de la grotte, semblable à un beau parquet de marbre noir. Mais ordinairement la mer est agitée ; ses vagues se brisent et se divisent en écume, et frappent avec fracas contre le fond et les parois de cet antre maritime.

Si l'on pénètre jusqu'à l'extrémité de la grotte, on aperçoit, un peu au-dessus de la surface de l'eau, une espèce de cave d'où sortent des sons harmonieux, ou du moins agréables, chaque fois que l'eau tombe au fond du gouffre. C'est cette circonstance qui a valu à cette grotte le nom qu'on lui donne dans le pays de Galles, et qui signifie *cave de Musique* (*Llaimh binn*).

Une caverne naturelle qui doit sa formation à quelque ébranlement volcanique du sol, c'est la *grotte d'Azur*, creusée dans la paroi à pic de l'île de Capri, qui se dresse en face de Naples.

Capri est le nom moderne de l'ancienne île de Caprée, qui servit de retraite à Tibère dans les derniers temps de sa vie, et qui abritait la tyrannie, les cruautés, les vices et les débauches de cet empereur.

Deux heures suffisent, dans la belle saison, pour qu'un bateau à vapeur transporte le touriste du port de Sainte-Lucie, de Naples, à l'île de Capri. A peine débarqué dans l'île, il se hâte de prendre un petit bateau, pour pénétrer dans la grotte d'Azur. C'est là que l'attend un spectacle vraiment féerique.

Quand la barque a franchi l'étroit passage, l'espèce de couloir rétréci qui fait communiquer avec la mer l'intérieur de cette caverne, on se trouve au milieu d'une cavité spacieuse et, en apparence, close de toutes parts, dans un véritable bassin de roc et de cristal. Seulement ce cristal est bleu. L'eau, la barque, les parois de la grotte, tout, hommes et choses, paraît revêtu d'une teinte d'azur. Si le batelier se dépouille de ses vêtements et se jette à la nage, son corps fait briller de mille reflets de turquoise ou de lapis-lazuli l'eau qu'il agite par ses mouvements rapides et cadencés.

Ce phénomène ne manque jamais de provoquer, dans l'esprit du touriste, la plus vive admiration. Comment peut-on l'expliquer?

Vue en grande masse, l'eau n'est pas incolore : elle est bleue, comme l'air atmosphérique. A l'intérieur de la grotte de Capri, la lumière, doucement tamisée par une faible ouverture, éclairant d'une façon particulière une assez grande hauteur d'eau, fait apparaître la couleur naturelle de cette eau, c'est-à-dire la couleur bleue. Cette couleur se réfléchit sur les parois de la grotte; elle teinte d'azur tous les objets placés à l'intérieur de la cavité. Voilà tout le mystère.

Quand on s'enfonce sous l'eau de la mer ou celle des rivières, dans une cloche à plongeur, on reconnaît que la teinte de l'eau, vue en grande masse, est d'un bleu pâle. Quand on descend sous la coque d'un navire à vapeur à hélice, pour examiner ou réparer son hélice, en se servant d'une petite cloche à plongeur appropriée à cet usage, on se voit environné d'une masse liquide d'un pâle bleu de ciel. Ces deux observations prouvent que les teintes que revêtent les parois de la grotte d'Azur proviennent de la réflexion, opérée sur ces parois, de la coloration bleue qui est propre à l'eau de mer, quand on la voit en masse et par un faible éclairage.

Lorsque, en 1865, je visitai, avec quelques compagnons de

voyage, la grotte de Capri, je ne manquai pas d'exhiber cette explication scientifique. Je dois dire qu'elle fut peu goûtée. La théorie d'un physicien était mal à sa place en présence d'un spectacle naturel dont on aime à laisser flotter la cause réelle dans un vague mystérieux, propre à la rêverie.

Le physicien lui-même, il doit le dire, ne songeait pas beaucoup à la physique, en présence de ce ravissant effet d'optique naturelle.

FIG. 9. — LA GROTTE D'AZUR DANS L'ILE DE CAPRI.

L'entrée de la grotte d'Azur est difficile, et même dangereuse par les gros temps. Cette espèce de port creusé dans l'épaisseur des rochers du rivage communique avec la mer par une ouverture si étroite, si peu élevée au-dessus du niveau de l'eau, que quand la mer est forte, les vagues en ferment complètement l'entrée et en rendent l'accès impossible. Par le temps le plus calme, il faut même se baisser à l'intérieur du bateau, si l'on ne veut pas se briser le crâne quand on franchit l'ouverture, emporté par la vague. Plus d'un imprudent touriste s'est trouvé renfermé pendant quelques jours dans cet antre d'azur, sans pouvoir en sortir. Aussi le bateau à vapeur de Naples à Capri ne part-il jamais, en hiver comme en été, si la mer est menaçante. On empêche ainsi les voyageurs de s'exposer à un danger possible.

VII

LES CASCADES NATURELLES

Les *cascades* sont à coup sûr un des plus charmants spectacles que la nature offre à notre admiration. Les eaux tombent dans l'espace du haut d'un précipice. C'est d'abord un ruban argenté qui se déploie sur les flancs de la montagne, qui diminue bientôt et finit par se réduire en brouillard. Si le soleil frappe de ses rayons ces nuages flottants d'eau divisée, il en fait des diamants étincelants, il les décore d'arcs-en-ciel ondoyants et mobiles.

Nous allons passer en revue les cascades les plus pittoresques, celles qui justifient le mieux les excursions des touristes.

La cascade de Gavarnie ou de Marboré, dans les Pyrénées françaises, mérite d'être citée la première.

Quand on remonte le Gave de Pau, on arrive sur le faîte du Pimené, qui sépare les vallées d'Estaubé et de Gavarnie. Le Gave traverse une suite de défilés toujours plus courts et de bassins toujours plus resserrés, à mesure que l'on remonte vers sa source. Tous ces bassins étaient autrefois des lacs d'où les eaux tombaient, d'étage en étage, en terribles cascades, avant d'avoir creusé le lit qu'elles parcourent actuellement.

On appelle *cirque de Gavarnie* une immense suite de rochers, du haut desquels se précipitent un grand nombre de torrents. Gavarnie n'est qu'un petit village de quelques centaines d'habitants, qui a donné son nom à ce lieu, célèbre par sa beauté sauvage et la majesté de ses lignes.

5

Le cirque de Gavarnie est une sorte d'amphithéâtre à peu près demi-circulaire, qui a pour enceinte un mur vertical de 400 mètres de haut, surmonté de vastes gradins et couronné de rochers énormes en forme de créneaux, restes d'un éboulement de la montagne. Du haut de cet amphithéâtre se précipitent dix à douze torrents. Le plus fort de ces torrents est considéré comme la source du Gave de Pau.

Une cascade de France que l'on peut mentionner moins pour sa hauteur que pour son élégance, c'est celle de la Druise, dans le Dauphiné. Elle est formée par la Gervanne, qui, peu de temps après être sortie des gorges d'Omblèze, parvient sur le bord d'un escarpement de 40 mètres de hauteur environ, et s'élance d'un bond dans l'abîme, où ses eaux, tout à l'heure si calmes sous un épais berceau de saules, se brisent en écume avec un bruit de tonnerre; ses eaux tarissent pendant une certaine période de l'année.

La magnifique *cascata del Marmore*, que forme le Velino près de Terni, paraît avoir été créée, en partie du moins, par la main des hommes. Le consul romain Curius Dentatus avait déjà fait amener les eaux de la rivière à ce précipice, en l'an 274 avant Jésus-Christ; mais le lit qu'on leur avait préparé s'étant rempli de sédiments calcaires qui le comblaient, le pape Paul IV (ou, d'après d'autres, Clément VIII) fut obligé de le faire creuser à nouveau. Cette cascade est réputée l'une des plus belles de l'Europe.

Dans les Alpes suisses, la chute d'eau la plus élevée est celle du *Staubach*. Cette cascade, qui n'a pas moins de 330 mètres de hauteur, est produite par le Pletschbach, dans la vallée de Lauterbrunnen. C'est une énorme masse d'eau qui, avant d'arriver à terre, se disperse en une pluie fine, comme l'indique son nom, qui signifie *torrent de poussière*.

Citons encore la cascade du *Reichenbach*, dans l'Oberland bernois; celles de *Giessbach* et le *Nant d'Arpenas*, dans la vallée de l'Arve; les chutes de la *Linth*, dans le Glaris; celles de l'Aar (la *Handeckh*), de la Reuss au Pont-du-Diable, de la Tosa dans la vallée de Formazza, etc., etc.

La Suède et la Norvège sont riches en magnifiques cascades. La plus considérable est celle de Trollhetta, ou la *Gotha-Elf*. Issue de l'immense Wéner, qu'alimentent vingt-quatre rivières, elle se précipite dans un abîme de plus de 40 mètres sur des blocs de rochers qui la résolvent en une mer d'écume. C'est pour éviter cette chute d'eau que l'on a construit le canal de Trollhetta.

On peut encore citer, en Suède, la cascade d'Elfkaerleby; — en Norvège, la chute de Rjukandfoss, formée par la Maanelf, dans la province de Telemarken et haute de 310 mètres; — celle de Feiumfoss; — celles de Glommen, de Pursoronka et d'Utahanna; — enfin celle d'Opthun, dans le Sognefiord.

Sur les confins de la Laponie, l'Angermanna-Elf, belle rivière, large comme le Danube et bordée de forêts séculaires, forme une admirable cascade, près de Liden. Ses eaux s'y précipitent sur un archipel de petits îlots, qu'elles semblent vouloir emporter dans leur blanche écume.

Si le terrain où tombe une cascade est étagé, l'eau s'élance de terrasse en terrasse, offrant tantôt une nappe, tantôt une muraille liquide, jusqu'à ce qu'elle arrive sur un plan qui lui rende son cours tranquille. Ce sont des chutes successives que l'on désigne plus spécialement sous le nom de *cataractes;* elles abondent en Amérique.

Lorsque le sol ne présente pas une brusque solution de continuité, mais seulement une déclivité très sensible, et lorsque en même temps le lit de la rivière est rétréci par des rochers saillants, il se forme un *rapide*, c'est-à-dire un courant doué d'une telle impétuosité, qu'il est impossible aux bateaux de le remonter.

Cependant les rapides ne s'opposent pas toujours à la navigation; dans certains cas, on peut les descendre et les franchir. C'est ce que l'on voit faire assez souvent aux sauvages de l'Amérique dans leurs canots d'écorce, aux créoles hardis qui, dans une barque élégante et légère, bravent les tourbillons et la force effrayante du courant.

Un *rapide* de la rivière Montmorency se trouve, dans le Canada, à 14 kilomètres de Québec. L'une des rives de ce torrent forme une suite d'assises ou de marches régulières, que l'on nomme l'*Escalier des Géants.* La cascade de Montmorency elle-même tombe d'une hauteur de 80 mètres, dans un large entonnoir bordé de sombres rochers à pic, dont les pointes se trahissent par les frémissements de l'eau. Un nuage de vapeurs blanchâtres s'élève dans l'air et s'irise aux rayons du soleil. Une fraîche végétation couvre le sommet des rochers, et les filets d'argent serpentent à côté de la chute principale.

On connaît les rapides de la rivière des Amazones, au Ponyo de Manserichi, où elle est encaissée dans un défilé étroit, et ceux de la rivière du Connecticut. Mais, sans aller aussi loin, on peut citer comme remarquables, en Europe, les rapides du Rhône, à Pierre-Encise; du Rhin, à Bingen; du Danube, à Orsova, etc.

Parmi les *cataractes*, celles de Maypures, sur l'Orénoque, ont acquis une grande célébrité; elles sont formées d'une infinité de petites cascades successives. On peut les voir très bien de la petite montagne de Manimi, d'où de Humboldt les a souvent contemplées.

« Arrivé à la cime des rochers, dit le célèbre voyageur, les yeux mesurent soudainement une nappe d'écume d'un mille d'étendue; d'énormes masses de roches, noires comme le fer, sortent de son sein : les unes sont des mamelons groupés deux à deux, semblables à des collines basaltiques; les autres ressemblent à des tours, à des châteaux forts, à des édifices en ruine; leur couleur sombre contraste avec l'éclat argenté de l'écume des eaux; chaque roche, chaque îlot est couvert d'arbres vigoureux et réunis par bouquets. Du pied de ces mamelons, aussi loin que porte la vue, une fumée épaisse est suspendue au-dessus du fleuve; à travers le brouillard blanchâtre s'élance le sommet de hauts palmiers[1]. »

Les autres grandes cataractes de l'Amérique sont celles du Potomac, du James-River, du Missouri, de la rivière Columbia, du Niagara, du Tequendama, non loin de Santa-Fé de Bogota;

1. A. de Humboldt, *Voyage aux régions équinoxiales*, t. VII, p. 170.

FIG. 10. — LA CHUTE DU NIAGARA.

celle de Yosemity (Californie), qui a 800 mètres de hauteur. Le rio San-Francisco, au Brésil, cesse d'être navigable sur une longueur de 100 kilomètres, à cause d'une suite de cataractes qui se terminent par la Cachoeira-Grande, et qui sont constamment enveloppées d'un nuage de vapeurs.

Le *Niagara* est cette immense chute qui déverse les eaux du lac Érié dans le lac Ontario. Vers le milieu de sa longueur, il est traversé par un barrage naturel de rochers, hauts de 50 mètres, d'où les eaux s'élancent en formant cette immense cascade que l'on appelle le *saut du Niagara*. Ce nom, qui vient de l'iroquois, signifie *l'eau qui tonne.*

« Depuis le lac Érié, dit Chateaubriand, jusqu'au saut, le fleuve arrive toujours en déclinant par une pente rapide, et, au moment de la chute, c'est moins un fleuve qu'une mer, dont les torrents se pressent sur la bouche béante d'un gouffre. La cataracte se divise en deux branches et se courbe en fer à cheval. Entre les chutes s'avance une île, creusée en dessous, qui pend, avec tous ses arbres, sur le chaos des ondes. La masse du fleuve qui se précipite au midi s'arrondit en un vaste cylindre, puis se déroule en nappe de neige et brille au soleil de toutes ses couleurs; celle qui tombe au levant descend dans une ombre effrayante; on dirait une colonne d'eau du déluge. Mille arcs-en-ciel se courbent et se croisent dans l'abîme. L'onde, frappant le roc ébranlé, rejaillit en tourbillons d'écume qui s'élèvent au-dessus des forêts comme les fumées d'un vaste embrasement. Des pins, des noyers sauvages, des rochers taillés en forme de fantômes, décorent la scène. Des aigles entraînés par le courant d'air, descendent en tournoyant au fond du gouffre, et des carcajoux se suspendent par leurs longues queues au bout d'une branche abaissée, pour saisir dans l'abîme les cadavres brisés des élans et des ours. »

Les deux sections de la cataracte appartiennent, l'une aux États-Unis, l'autre au Canada; elles ont respectivement 330 et 550 mètres de développement. La quantité d'eau qu'elles déversent a été évaluée à 250 000 hectolitres par seconde. L'île boisée qui se trouve au milieu porte le nom d'*île aux Chèvres.* On y a percé des allées qui dessinent une promenade; un pont récemment construit réunit l'île à l'une des rives. Dans l'île aux Chèvres, un escalier adossé à la roche conduit au pied de la cataracte; des gradins glissants permettent même de pénétrer sous l'immense voûte liquide de la cataracte, qui a 6 à 8 mètres d'épaisseur, et ressemble à une masse de cristal verdâtre. Ce dangereux escalier conduit à une petite grotte creusée dans le roc, où l'on peut respirer et se reposer; on la nomme la *grotte des Vents*, parce que l'air y est sans cesse dans un grand état d'agitation. Cette descente sous la voûte liquide est dangereuse, à cause des éboulements de la rive, dont on est toujours menacé. Aussi le guide délivre-t-il un certificat au touriste qui a eu le courage de descendre dans ces ténèbres. Les bords de l'île et les rivages du Niagara ne sont pas, du reste, plus rassurants : chaque jour, des blocs de roches minés par les tourbillons s'écroulent et entraînent d'imprudents visiteurs.

Le recul lent, mais continu, de la cataracte du Niagara, produit par l'action des eaux qui dégradent et abaissent insensiblement son lit, est un fait connu. Les évaluations varient toutefois quant au degré de ce recul; on a admis le chiffre de 1 mètre par an pour cette rétrogradation. M. Desor n'admet que 1 mètre par siècle.

Le phénomène de recul que présente la chute du Niagara est plus général qu'on ne le pense. Cette excavation de leur lit par les eaux mêmes qui le remplissent fournit la clef de beaucoup de phénomènes dans l'histoire d'un grand nombre de fleuves.

En Afrique, où les cataractes abondent et sont comme un trait caractéristique de ce pays, on connaît surtout celles du Nil, du Zambèze, du Zaïre ou Congo, du Sénégal; en Sibérie, celles de Toungouska; dans l'Inde, celles du Gange et de Garispe, dans les *Ghattes* occidentales; dans la Nouvelle-Zélande, celle de la rivière Waïtangi; enfin en Europe, les cataractes du Wyg, qui se jettent dans la mer Blanche, et les treize *porogs* ou chutes que forme le Dniéper au-dessus de Katherisnolav; la chute de l'Achen, près Salzbourg, etc., etc.

Parmi les cataractes les plus renommées de l'Europe, nous devons citer au premier rang celle que forme le Rhin, à une demi-heure de marche de la ville de Schaffhouse, en Suisse.

VIII

LES LACS

Une masse d'eau qui est alimentée d'une manière continue par une source quelconque, prend le nom de *lac*. Si l'eau s'épanche sur une large surface, qu'elle recouvre à peine, si ses rives sont mal délimitées, on l'appelle *marais*. Ces amas d'eau tranquille se rencontrent, avec plus ou moins de fréquence, à toutes les hauteurs, dans les plaines basses comme dans les plus hautes montagnes.

Les véritables lacs ne sont le plus souvent que des évasements du bassin d'une rivière qui les traverse. C'est ainsi qu'en Europe le lac de Genève est formé par le développement du Rhône, le lac de Constance par le Rhin, le lac Majeur et les lacs de Côme et de Garde par les affluents du Pô. La rivière d'Orbe traverse d'abord le lac de Joux (dans le haut Jura), situé à 600 mètres au-dessus du lac de Genève, puis elle s'engouffre dans de vastes entonnoirs, creusés dans les calcaires; après un cours souterrain de 4 kilomètres, elle ressort dans une vallée inférieure, à 230 mètres au-dessous du lieu où elle disparaît, et traverse encore les lacs de Neuchâtel et de Bienne. Le lac Baïkal, dans la Sibérie orientale, est traversé par l'Angara; le lac de Tzana, en Éthiopie, par l'Abaï ou *fleuve Bleu*.

On observe quelquefois plusieurs étranglements successifs de la vallée, et le lac se divise ainsi en plusieurs bassins, comme celui de Lucerne, traversé par la Reuss, qui remplit trois bassins, sans compter deux autres lacs latéraux avec lesquels il communique encore. En Amérique, les cinq grands lacs du Canada semblent n'être que les bassins successifs de la large étendue du fleuve Saint-Laurent. En Russie, les lacs Ladoga, Onéga, Saïma, Biélo, Ilmen communiquent, par des rivières, entre eux, et tous avec le golfe de Finlande.

Les lacs d'où sortent des rivières ne sont souvent alimentés que par des sources souterraines. Tels sont le lac Seligher, qui donne naissance au Volga; le Koukou-Noor, au pied de la chaîne du Thian-Chan, d'où sort le fleuve Jaune; le Rawana-Hrada, sur le versant boréal de l'Himalaya, source d'un affluent de l'Indus. Ces lacs sont ordinairement petits et situés à un niveau très élevé, comme celui du Monte-Rotondo, en Corse, et le Cader-Idris, dans le comté de Galles. Le contraire arrive lorsqu'un lac reçoit une rivière sans qu'il en sorte aucun cours d'eau. Alors de deux choses l'une : ou bien les eaux se perdent par des conduits souterrains, ou bien l'évaporation compense la quantité d'eau qui afflue. Quelquefois ces deux causes peuvent agir ensemble.

Ces sortes de lacs sont ordinairement salés : on peut les considérer comme des mers intérieures : telles sont la mer Caspienne, celle d'Aral, la mer Morte, etc. Les lacs Balkh, le lac Tchad, le grand lac Titicaca, le lac de Celano (Fucino), ne sont pas salés.

Il existe enfin des lacs où il n'entre et d'où il ne sort aucune rivière. Ils occupent généralement des cratères de volcans éteints et proviennent de l'accumulation des eaux pluviales. L'évaporation de l'eau étant compensée par les pluies, le niveau de ces lacs ne varie pas sensiblement.

Le plus curieux des lacs de ce genre, c'est-à-dire de ceux qui, formés par les eaux pluviales, ont pour bassin le cratère d'un volcan éteint, c'est le lac Pavin, en Auvergne. Les lacs d'Albano et d'Averne en Italie, et plusieurs lacs de l'Eifel, ont la même origine géologique que le lac Pavin.

D'autres lacs sont en communication directe avec la mer, et semblent n'être que des golfes. On leur donne le nom de *lagunes*. Ils sont formés tantôt par la mer, tantôt par l'embouchure d'un cours d'eau. Nous citerons, comme exemples, les lagunes de Venise et de Comacchio; les trois Haffs de la Baltique; le lac Maelar, en Suède; les étangs de Berre, en Provence, et de Thau, près de Cette, sur la côte française de la Méditerranée; la *grande lagune*, dans le golfe du Mexique. On peut encore ranger dans cette catégorie les *lagonsi* des récifs de corail, dans l'Océanie.

Les lacs présentent quelquefois un fait très curieux : c'est le mélange de plusieurs réservoirs d'eau douce avec des réservoirs d'eau chargée de sel marin ou de sulfate de magnésie, en quantités qui varient selon la saison. Il existe au Tibet des lacs tenant en dissolution de l'acide borique, lequel ne se retrouve guère au même état que dans certains lacs ou *lagoni* de la Toscane. C'est de cette source que l'on retire l'acide borique qui est livré au commerce pour le besoin des arts et de la pharmacie.

On appelle en Toscane *lagoni* de petits lacs naturels ou artificiels, résultant de la condensation de jets d'eau et de vapeurs qui s'élancent du sol, à peu près comme les *geysers* de l'Islande. Ces jets d'eau et de vapeurs se nomment *soffioni* ou *fumerolles*. Ils s'élancent dans l'air avec beaucoup de force, en répandant une odeur sulfureuse. En retombant, ils forment les petits lacs nommés *lagoni*. L'acide borique se trouve au nombre des produits lancés par les *soffioni* de la Toscane : il reste dissous dans l'eau des *lagoni*. Pour obtenir cet acide solide et cristallisé, il suffit de soumettre cette eau à l'évaporation.

La salure et la densité des eaux des grands lacs salés sont souvent supérieures à celles de l'Océan; c'est ce qu'on observe dans la mer Morte, le lac d'Ormiah, etc.

En Afrique et en Amérique on rencontre des lacs qui se dessèchent de temps en temps, comme les lacs de sel du Sahara et les lacs Xarayes et de Paria. D'autres offrent un phénomène analogue au jeu des fontaines intermittentes. Tel est le lac de Zirknitz, en Illyrie. Il est entouré de montagnes calcaires. Sa circonférence varie de 20 à 40 kilomètres; il reçoit huit ruisseaux et présente quatre ou cinq îles, dont la plus grande est occupée par le village de Vorneck. A certaines époques, les eaux s'écoulent par un grand nombre de conduits souterrains dont l'orifice s'ouvre au fond du lac, si bien que l'on peut prendre à la main les poissons qui ne sont pas entraînés sous terre. Le lac demeure alors quelque temps à sec; il se couvre d'une riche végétation et peut être ensemencé. Mais il ne faut pas se fier à ce calme trompeur. Les eaux reviennent à l'improviste par où elles étaient parties, et le lac, avec un bruit formidable, se remplit de nouveau, engloutissant les récoltes qui recouvraient son ancien lit.

Le lac de Janina, en Grèce, célèbre par les aventures d'Ali-Pacha, communique par un canal souterrain avec la rivière Kalama, et se réduit à peu de chose en été; on sème alors du maïs dans son lit desséché.

Les lacs de la Suisse sont célèbres par leur situation pittoresque. Nous avons déjà parlé du lac Majeur, des lacs de Côme, de Garde, de Genève, de Lucerne, Constance, etc. Mais ces lacs, malgré le pittoresque de leurs sites, ne sont peut-être pas ceux qui attirent le plus vivement les regards ou la pensée. Les petits lacs des montagnes, situés dans la solitude des hautes régions alpestres, aux bords desquels viennent s'abreuver les chamois ou se reposer les aigles, offrent un genre de beauté sauvage que n'ont jamais les grandes nappes d'eau dont les rives sont fréquentées par les hommes.

IX

LE DÉSERT DU SAHARA

De la limite occidentale de l'Afrique à la côte orientale de l'Asie, s'étend une immense ceinture de régions arides. Aux grands déserts de l'Afrique succèdent ceux de l'Arabie Pétrée, qui ne sont séparés du désert africain que par la mer Rouge et la fertile vallée d'Égypte. Viennent ensuite les déserts de la Perse, du Kandahar, de la Boukharie, enfin celui de la Mongolie, c'est-à-dire le vaste désert de Gobi. On estime à 15000 kilomètres la longueur totale de cette zone déserte, parsemée d'oasis, parmi lesquelles on peut ranger l'Égypte. Elle s'étend à peu près du Maroc à la Mongolie : elle égalerait donc le tiers de la circonférence du globe.

Il est très probable que l'aridité de ces déserts résulte de leur situation, qui les expose, pendant une grande partie de l'année, au souffle des vents alizés du nord-est. En effet, les courants aériens qui balayent les terres dans la direction du nord-est au sud-ouest et qui retournent de l'équateur au pôle, sous forme de courants supérieurs, ne trouvent sur leur parcours d'autre nappe liquide que la Méditerranée, dont la surface est trop petite pour humecter ces grandes masses d'air. Dès lors la zone terrestre balayée par ces vents doit recevoir beaucoup moins d'eau que les contrées visitées par les vents de mer. C'est là ce qui explique, au moins en partie, le climat exceptionnellement sec et la stérilité des déserts de l'Afrique et de l'Asie orientale.

Le *Sahara*, ou grand désert de l'Afrique, est le mieux connu de tous, surtout depuis l'occupation de l'Algérie par les Français. Cette vaste plaine, dont de Humboldt évalue la superficie à 6 millions de kilomètres carrés, en y comprenant les oasis, et qui surpasse l'Europe en étendue, se subdiviserait en plusieurs bassins, d'après les renseignements fournis par plusieurs explorateurs. Toutefois ces divisions paraissent encore très incertaines; ce ne sont guère que des distinctions établies d'après les noms des tribus nomades qui parcourent les différentes régions du Sahara. On appelle *désert Libyen* la partie orientale du Sahara, située à l'est du Fezzan.

Le niveau du Sahara est très inégal, ce qui fait qu'on lui a attribué des altitudes moyennes qui varient depuis 50 jusqu'à 1000 mètres. D'après M. Fournel, l'élévation de l'intérieur du grand désert serait d'environ 150 mètres. Près de Biskra, on l'a seulement trouvée de 60 à 70 mètres. Il paraît même que dans le nord il y a des zones plus basses que le niveau de la Méditerranée.

Rien de plus accidenté que le sol du Sahara. On a longtemps admis que le grand désert n'était qu'une immense plaine sablonneuse, dont l'uniformité était à peine variée par de légères ondulations du sol. Il n'en est rien. Le désert central s'étage en terrasses successives. C'est un plateau accidenté où l'on rencontre des collines, et même des montagnes plus ou moins élevées. Le voyageur Barth a vu dans le désert beaucoup de montagnes de 1500 mètres de hauteur. Des ravins d'un aspect abrupt et sauvage sillonnent les flancs de ces montagnes privées de toute végétation, et généralement composées de roches noirâtres. Les dunes de sables durcis y présentent des arêtes tranchantes et des sommets aigus. Comme elles sont fixes et parfaitement stables, on peut y marquer des points de reconnaissance et des signaux destinés à faire connaître la route. Le sol du Sahara, tour à tour rocailleux ou sablonneux, ne se transforme en immenses plaines qu'à ses deux extrémités est et ouest.

Il existe dans le désert quelques excavations assez considérables, qui se remplissent d'eau pendant une partie de l'année ; ces *lacs* périodiques se rencontrent au nord du Sahara : les Arabes les désignent sous le nom de *chots*.

Les sables mouvants qui recouvrent une grande partie du Sahara atteignent quelquefois une telle épaisseur, que la sonde n'en trouve pas le fond à près d'une centaine de mètres.

Mais comment se sont formés ces sables ? Comment le terrain s'est-il ainsi réduit en particules aussi ténues que celles qui couvrent les rivages des mers ? C'est là une question qui a été diversement résolue.

Il est probable que ces amas de sable sont le résultat de la désagrégation spontanée des roches superficielles et surtout des roches quartzeuses. Sous l'action d'un soleil brûlant, le sol s'est divisé en particules de plus en plus ténues, et les vents qui balayaient ces petites masses ont contribué ensuite à réduire en poussière ces matières désagrégées. Le même phénomène s'observe, en effet, de nos jours encore dans la haute Égypte. On y voit des collines de grès au pied desquelles les grains de quartz accumulés forment des dunes qui quelquefois s'élèvent assez pour masquer complètement les autres collines. Çà et là seulement on voit se dresser quelques pointes de rochers plus consistants, qui ont résisté à la décomposition, et qui émergent de cette espèce de mer de sable formée pour ainsi dire sous nos yeux.

Les vents et les ouragans qui se donnent libre carrière sur la surface immense du désert, transportent à de grandes distances de véritables montagnes de sable et de poussière, et les entassent jusqu'à une hauteur prodigieuse. L'une de ces collines, formée par l'action des vents sur les amas de sables enlevés à

FIG. 11. — LE DÉSERT DU SAHARA.

d'autres points du désert, s'étend depuis le Maroc jusqu'à la Tunisie : elle porte le nom d'*Arègue.*

Nous comparions tout à l'heure à une mer de sable le grand désert d'Afrique. Cette analogie poétique pourrait se justifier par bien des rapprochements. Sous l'action du vent, il se forme dans le désert des espèces de vagues de sable, qui s'élèvent, progressent, roulent et s'abattent comme les vagues de l'Océan. Ces fines poussières minérales ont autant de mobilité qu'un liquide; elles obéissent au plus léger souffle de l'air. La mer et le Sahara se ressemblent par leur immensité sans bornes, par la solitude et le silence qui y règnent, jusqu'au moment où la tempête vient soulever leur mouvante surface. Le Sahara, comme l'Océan, a ses îles de verdure, ses écueils, ses rivages, qu'il tend à envahir. Dans le silence des nuits et vues au clair de lune, les masses onduleuses de sable qui, au grand jour, présentent une couleur brune ou une blancheur éclatante, paraissent émettre des lueurs phosphorescentes, comme les vagues de l'Océan équatorial. L'Arabe de nos jours et les anciennes légendes de l'Orient appellent le chameau *le vaisseau du désert.* Juché sur le dos de ce patient et docile animal, le voyageur, comme le navigateur en pleine mer, n'a d'autre moyen de se diriger que la boussole et les étoiles. Le Sahara a enfin ses pilotes, ses corsaires et même ses naufrages, comme ce désert liquide que nous nommons l'Océan.

Le Sahara a été sillonné à toutes les époques par de nombreuses caravanes qui viennent trafiquer avec les tribus campées aux confins du désert. Ces grands convois d'hommes et de chameaux se composent quelquefois de mille têtes. Rien n'est pittoresque comme l'aspect de ces longues lignes de voyageurs se déroulant à travers l'immensité de la plaine, ou comme le camp improvisé par une caravane, lorsqu'elle est forcée de faire une halte dans le cours du voyage.

A part les rencontres fortuites des caravanes, on marche quelquefois dans le désert des journées entières sans apercevoir un être vivant, ou même un arbre, un brin d'herbe, sans pouvoir saluer la moindre trace de la vie organique. Tout autour, aussi loin que peut s'étendre son regard attristé, le voyageur ne découvre que du sable ou des rochers. Le morne silence qui pèse sur la nature oppresse l'esprit, comme le cauchemar de la solitude; il inspire des prévisions lugubres, qui ne sont d'ailleurs que trop justifiées. Le soleil ardent des tropiques, qui inonde de ses feux ce sol dénudé, échauffe l'atmosphère à un degré inouï. Sous l'influence d'un rayonnement incessant, le roc et le sable peuvent acquérir des températures de 70 degrés, et alors ils brûlent le pied du voyageur, en même temps que la réverbération du soleil échauffe l'air jusqu'à 50 degrés et même au delà.

L'air sec du désert est presque toujours rempli d'une sorte de brouillard rougeâtre qui produit, à l'horizon, l'effet de feux volcaniques. Le matin, le soleil se lève brusquement, sans aurore, comme un boulet rougi au feu. A mesure qu'il monte dans le ciel et qu'il darde ses rayons d'aplomb sur le sol embrasé, l'air s'échauffe et commence à vibrer si fortement que tous les objets à l'horizon semblent agités par des trépidations incessantes. C'est l'effet des réfractions et réflexions irrégulières des rayons lumineux qui traversent des couches atmosphériques très inégalement échauffées.

Un autre phénomène, dont la cause doit être également rapportée aux réfractions atmosphériques anomales, c'est le *mirage*, ou ce que les Arabes appellent le *lac des gazelles* (*Bahr-el-Gazal*).

Beaucoup de voyageurs ont donné de ce curieux effet d'optique des récits plus ou moins merveilleux. Ils assurent avoir vu en plein désert de riants paysages, des îles verdoyantes, des rivières coulant entre des rives fertiles, des villes même, et une foule d'autres aspects que leur imagination surexcitée leur faisait reconnaître dans le tableau qui se déroulait à l'horizon lointain. Quelquefois, dit-on, les caravanes s'imaginent découvrir au loin une nappe d'eau limpide dans laquelle se mirent des palmiers et où se désaltèrent de nombreux chameaux (fig. 12). Cette vue soutient le courage des voyageurs exténués; ils font un dernier effort pour atteindre l'oasis qui les invite au repos. Mais plus on marche, plus l'image trompeuse semble reculer. Bien des fois des voyageurs inexpérimentés, s'épuisant à courir après cette illusion de leurs sens, perdent leur route et succombent à la fatigue.

Vers l'époque de l'équinoxe, des tempêtes s'élèvent dans le désert. Tout le monde a entendu parler du vent brûlant du désert, le *simoun*, mot qui signifie *poison* chez les Arabes, et qui rappelle ainsi les effets délétères de ces tourmentes aériennes. Ce vent redoutable souffle également en Égypte, où on l'appelle *khamsin* (cinquante), à cause des cinquante jours pendant lesquels on l'observe, c'est-à-dire depuis la fin d'avril jusqu'en juin. Sur la lisière occidentale du Sahara, en Sénégambie, on l'appelle *harmattan*. On a prétendu, sans le prouver suffisamment, que le *sirocco* d'Italie, le *solano* d'Espagne et le *foehn* de la Suisse ne sont que les contre-coups du *simoun* africain.

Le *simoun* s'annonce, dans le désert, par un point noir qui surgit à l'horizon. Ce point noir grandit rapidement. Un voile blafard envahit le ciel; le soleil lui-même, privé de son éclat, revêt une teinte violacée. D'épais tourbillons de poussière s'élèvent dans l'air, qui s'obscurcit entièrement.

Si une caravane vient à être surprise par le simoun, on se hâte de ranger les chameaux en cercle, la tête tournée vers le centre; et les voyageurs s'abritent au milieu de leurs bêtes, en se voilant la face, pour ne pas respirer le sable embrasé. Quelquefois ils se réfugient dans un puits, s'il en existe un à leur portée. Malgré ces précautions, bien des voyageurs périssent, suffoqués par la poussière brûlante dont l'air est surchargé.

C'est le terrible simoun qui fit périr, selon les historiens, l'armée entière du roi Cambyse, engagée imprudemment en plein désert. En 1805, le simoun tua et ensevelit dans les sables toute une caravane, composée de deux mille personnes et de dix-huit cents chameaux. Plus d'une fois nos généraux, entre

FIG 12. — LE MIRAGE DANS LE DÉSERT.

autres le général Desvaux, ont eu des craintes sérieuses sur le sort des colonnes de nos soldats, forcées de s'engager dans le désert, et que le simoun vint surprendre dans leur marche.

La poussière impalpable que l'air charrie en épais nuages, pénètre dans les narines, les yeux, la bouche et les poumons, et détermine l'asphyxie. Quand les choses ne vont pas jusqu'à ce terme fatal, l'évaporation rapide qui se fait à la surface du corps sèche la peau, enflamme le gosier, accélère la respiration, et cause aux voyageurs une soif ardente. Le souffle terrible du simoun aspire, en passant, la sève des arbres, et produit l'évaporation de l'eau contenue dans les outres des chameliers. La caravane est alors en proie à toutes les horreurs d'une inextinguible soif, qui allume le sang. C'est ainsi que, depuis l'expédition de Cambyse, plus d'une caravane a péri dans les mêmes solitudes. Aussi voit-on les routes habituellement suivies par les caravanes, parsemées de squelettes d'hommes et d'animaux, blanchis par le temps et le soleil : ce sont les bornes milliaires de ces sinistres sentiers.

Les pluies ne sont connues que dans les régions montagneuses du désert. Les montagnes, en effet, arrêtent les nuages suspendus dans l'atmosphère. Depuis le mois de juillet jusqu'en novembre, des pluies torrentielles inondent, il est vrai, les lieux élevés; mais les eaux sauvages disparaissent en peu de temps, sans descendre dans la plaine; elles se perdent dans le sable aride, ou s'évaporent promptement sous les feux du soleil.

Voilà pourquoi les cours d'eau sont si rares au désert. Du versant méridional de l'Atlas, quelques ruisseaux arrivent dans la plaine, mais ils tarissent dans la saison chaude. Il en est de même des petites rivières qui alimentent les lacs de la grande oasis au sud de l'Algérie. Aussi ces lacs sont-ils presque à sec pendant l'été. Le bord occidental du Sahara est arrosé par la rivière Ouédi-Draa, qui descend de l'Atlas marocain, et par le Sagniel, qui vient du sud; on attribue à l'une et à l'autre une longueur considérable; mais elles tarissent aussi pendant les grandes chaleurs. Du reste, ces rivières sont encore très peu connues.

Les pluies absorbées par le sable du désert forment très probablement de puissantes nappes d'eau souterraines, à une profondeur peu considérable. Cette circonstance est bien connue des Arabes, qui, de temps immémorial, ont mis à profit ces eaux souterraines en creusant des espèces de puits artésiens. Pour eux, le Sahara est une île qui flotte sur une mer souterraine. Lorsqu'ils manquent d'eau, ils percent le sable jusqu'à ce qu'ils arrivent à la couche aquifère.

Ptolémée a comparé la surface du Sahara à une peau de panthère : le pelage jaune représente les plaines de sable, les taches noires sont les oasis éparses sur cette solitude immense.

L'existence des oasis et de tous les villages qui se groupent autour de ce centre de végétation isolé, dépend d'un arbre bienfaisant, le dattier. Mais, pour vivre, le dattier, comme le palmier son congénère, doit avoir, selon le mot arabe, « le pied dans l'eau et la tête dans le feu ». Pour trouver l'eau indispensable à la vie du dattier, l'Arabe a, de tout temps, creusé des puits en enlevant la couche de sable et perforant le banc de gypse qui recouvre la couche aquifère.

Parmi les Arabes de l'Oued-Rir, les *puisatiers* (*r'tass*) forment une corporation particulière qui jouit d'une grande considération. Les moyens qu'ils emploient sont d'ailleurs tout à fait barbares. Comme ils ne peuvent pas épuiser les eaux d'infiltration, ils travaillent fréquemment sous l'eau, quelquefois sous des colonnes de 40 mètres de hauteur. Quelques-uns périssent par suffocation, les autres meurent de phtisie pulmonaire au bout de peu d'années. Chaque plongeur ne reste que deux ou trois minutes sous l'eau, puis ramène son panier rempli de déblais; on comprend avec quelle lenteur doit marcher le creusement d'un puits dans de telles conditions.

Les eaux souterraines ainsi amenées à la surface du sol africain y provoquent une végétation salutaire, qui attire les nuages et précipite les vapeurs atmosphériques. Chaque source devient donc un centre autour duquel se groupent les habitations et les cultures : elle est, pour ainsi dire, l'âme de l'oasis. Aussi les habitants la ménagent-ils avec le plus grand soin. L'orifice du puits est recouvert d'une peau, qui le défend contre l'invasion des sables ; de petites rigoles amènent son eau dans les jardins, où elle arrose les légumes, à l'ombre des palmiers.

Sans eau, la vie est impossible au désert : quand une source tarit, le sable reprend possession de son ancien domaine. Privés d'eau, le dattier et le palmier périssent, et leur disparition amène celle des cultures, qui ne sont possibles que sous leur ombre. Les ruines éparses dans le Sahara attestent l'existence de villages importants, dont la ruine n'eut pas d'autre cause que l'arrêt accidentel d'une source. Les Arabes disent, dans ce cas, que la source *meurt*. L'oasis de Tébaïch a péri ainsi il y a quelques années. Les pointes de ses dattiers, dépouillées de leurs palmes, se dressent aujourd'hui au-dessus des sables, comme les mâts des navires d'une flotte échouée.

On se fait communément une idée très inexacte des *oasis*, tant sous le rapport de leur étendue que de la nature du sol. Les oasis les moins considérables ont encore une étendue de plusieurs journées de marche dans un sens ou dans l'autre, ce qui donne une superficie de 200 à 300 kilomètres carrés, étendue qui ne peut sembler médiocre que proportionnellement à l'immensité du désert. Les grandes oasis sont d'ailleurs plus nombreuses que les petites, parce qu'elles résistent beaucoup mieux à l'invasion des sables mouvants. L'oasis de l'Ouadi-Folesseles est d'une longueur de 300 kilomètres sur 100 kilomètres de large. L'oasis de Thèbes a une étendue de 100 kilomètres sur 15. La grande oasis d'Alben ou d'Aïr occupe, du nord au sud et de l'ouest à l'est, une étendue de 3 degrés ou d'environ 330 kilomètres, d'après M. Barth qui l'a visitée en 1850. Composée de plateaux dont la hauteur moyenne est de 600 mètres, et de montagnes qui atteignent 2000 mètres d'élévation, on pourrait appeler cette oasis la *Suisse du désert*. L'air y est très pur, salubre et relativement frais. On y cultive du blé, et no-

FIG. 13. — UN OASIS DANS LE DÉSERT DU SAHARA

tamment du millet et du sorgho (dourrha). Les animaux qui s'y rencontrent sont le lion sans crinière, le léopard, l'hyène, le chacal, le singe, l'antilope, l'autruche, le pigeon, la pintade, etc., etc. La capitale de cette oasis, la ville d'Agadès, était autrefois florissante et rivalisait avec Tombouctou.

Des royaumes entiers, dans le désert, n'occupent chacun qu'une seule oasis. Ainsi on peut regarder comme de grandes oasis, au nord, le Fezzan, pays montagneux à vallées fertiles, et au sud, le Darfour, situé à l'ouest du Cordofan. L'Égypte elle-même n'est, comme nous l'avons déjà dit, qu'une grande oasis.

Les forêts de palmiers sont surtout ce qui constitue les oasis. L'Arabe dit que Dieu créa le palmier en même temps que l'homme, pour faire servir cet arbre à l'entretien de la vie humaine; c'est le rôle bienfaisant qui est réservé au bananier dans les régions tropicales. Le palmier prospère dans les oasis africaines, parce que cet arbre rustique s'accommode, et même se trouve bien, de l'eau saumâtre, la seule que fournisse le désert. Le palmier et le dattier sont les arbres les plus communs des oasis. Les palmiers femelles surtout sont abondants, les palmiers mâles sont rares. Les Arabes fécondent artificiellement, au printemps, les palmiers femelles, en y secouant le pollen des fleurs mâles.

L'Arabe sait quelquefois créer une oasis artificielle avec quelques palmiers. Pour cela il creuse un trou jusqu'à huit mètres de profondeur, et dans ce trou il plante un palmier. Les racines profondes de cet arbre robuste percent le sol et pénètrent jusqu'à la couche souterraine aquifère; dès lors le palmier peut se passer d'arrosage, et sous son ombre les autres végétaux peuvent être cultivés. Il arrive quelquefois que le vent ou le simoun comble ses trous à palmiers : alors l'Arabe recommence avec courage le travail fatigant qui consiste à dégager le trou de huit mètres de profondeur, des sables qui l'ont envahi.

En outre des palmiers et des dattiers, on cultive, dans les oasis, beaucoup d'arbrisseaux, des légumes et des céréales. On y cultive aussi l'orge, cette céréale vraiment cosmopolite, puisqu'on la voit jusqu'en Laponie et qu'on la retrouve dans les sables brûlants du Sahara.

Les forêts des oasis sont les seuls points du désert où l'on rencontre des bêtes féroces. La fantaisie des poètes a fait du lion le *roi du désert*. Un peu de réflexion aurait pourtant fait comprendre que cet animal mourrait nécessairement de soif au milieu des sables. Le lion du désert est donc un pur enfant de l'imagination. Le lion d'Afrique ne sort pas de ses montagens, où il trouve sa proie et de l'eau. Interrogés au sujet de la présence du roi des animaux dans le désert, les Arabes répondent : « Il y a donc chez vous des lions qui boivent de l'air et qui mangent du sable? Chez nous, le lion a besoin d'eau fraîche et de chair vivante... »

L'autruche seule, grâce à sa sobriété, peut parfois s'aventurer impunément dans les sables. Cette arène brûlante n'est régulièrement habitée que par un gros lézard aux écailles brillantes, le *shob*, la salamandre du désert.

Le Sahara a pourtant un animal domestique : c'est le chameau, comme le renne est l'animal domestique des steppes de l'extrême nord de l'Europe. Ces deux espèces d'animaux se succèdent dans la zone des déserts; ils semblent prédestinés à faciliter et à rendre possible à l'homme le séjour de ces régions également déshéritées.

Le chameau porte en lui un réservoir d'eau naturel, qui lui permet de rester des semaines entières sans boire, et qui même après sa mort, peut sauver le chamelier en détresse.

L'instinct du chameau lui fait deviner à une grande distance les oasis et les sources ou nappes d'eau; en outre il prévoit, comme d'autres animaux, la tempête, et surtout le simoun. Le *méhari*, la variété la plus estimée du chameau, est d'une vigueur et d'une rapidité incroyables. On dit qu'un *méhari* fit un jour, en vingt-quatre heures, le chemin de Tripoli à Rh'adamès (plus de cent lieues), mais qu'il succomba en arrivant.

D'habitude, le *méhari* fait de trente à quarante lieues dans sa journée. La marche du chameau ordinaire est beaucoup moins rapide.

Les caravanes qui traversent le désert à dos de chameau ont l'habitude d'échelonner sur leurs routes des tas de pierres (*kerkours*) qui signalent le voisinage des sources et guident les voyageurs. Chaque passant ajoute sa pierre au tas, et contribue ainsi à l'entretien de ces monuments, qui rappellent les *cairns* des expéditions polaires. Lorsqu'une caravane qui manque de vivres en rencontre une autre mieux pourvue, en fait le partage des provisions, qui consistent en eau, dattes, beurre et pain d'orge. C'est là un usage auquel se conforment même les Touaregs, ces pirates du désert.

Les progrès toujours croissants de l'industrie moderne finiront par créer dans le grand désert de l'Afrique de nombreuses oasis qui en rendront le séjour moins dangereux et moins pénible, et qui contribueront à changer les mœurs nomades de ses habitants. Les forages artésiens exécutés depuis vingt ans dans le Sahara algérien ont déjà donné lieu à une remarquable révolution dans la constitution de la société arabe, en déterminant plusieurs tribus nomades à se fixer définitivement dans les contrées arrosées, et à se faire cultivateurs. Il est probable que si les puits artésiens parvenaient à se multiplier considérablement, les oasis ne tarderaient pas à naître, sous la bienfaisante influence de ces cours d'eau si heureusement enlevés aux entrailles du sol. L'intérieur de l'Afrique prendrait alors une face nouvelle; l'homme pourrait y conquérir un domaine immense, et il ne resterait plus qu'un petit nombre de traits fidèles dans la sombre peinture que nous venons de tracer de la *mer sans eau*.

X

LES TREMBLEMENTS DE TERRE

Les tremblements de terre et les volcans sont deux effets successifs d'une même cause générale. Puisque l'intérieur de notre planète, à partir de douze lieues seulement de sa surface, est occupé par une masse liquide incandescente, par des matières en fusion, on peut se représenter l'écorce solide de la terre comme une sorte de radeau flottant sur un océan de feu, le *Phlégéton* de l'antiquité grecque. Cette mince écorce doit ressentir différentes impressions par suite des mouvements tumultueux de la masse liquide qui la supporte. M. Alexis Perrey, professeur à la faculté des sciences de Dijon, a donné à cette pensée une forme éminemment scientifique. Il a cherché à établir, tant par le calcul que par les rapprochements d'un nombre immense d'observations, que l'attraction lunaire et solaire, qui produit, à la surface de notre globe, le flux et le reflux des mers, agit également sur la mer intérieure cachée dans les profondeurs de la terre. Il explique par l'action attractive de notre satellite les tremblements de terre, qui seraient, pour ainsi dire, le résultat périodique des marées de l'océan lavique intérieur. Nous n'avons pas à juger ici cette vue remarquable. Nous ne l'invoquons que pour établir la cause générale des tremblements de terre, et pour montrer la liaison certaine de ce phénomène avec celui des volcans

Que les flots incandescents de l'océan intérieur viennent à

heurter la croûte terrestre par sa face intérieure, il y aura sur une étendue variable *tremblement de terre.* Que la pression exercée par les laves sous-jacentes ait assez de puissance pour rompre l'écorce terrestre et établir, par cette fracture, une communication directe entre l'intérieur du globe et sa surface, les laves, c'est-à-dire les flots de la mer intérieure, se feront jour au dehors : il y aura *volcan.* C'est ce que fait

FIG. 14 — EXPLICATION THÉORIQUE DES VOLCANS.

comprendre la figure 14. Si cette ouverture, si cette communication, accidentellement établie en un point entre l'intérieur et l'extérieur de la terre, demeure persistante et que l'éruption des laves soit continue, comme au Stromboli, ou séparée seulement par quelques années d'intervalle, comme au Vésuve et à l'Etna, le volcan sera *actif.* Si cette communication vient à se fermer, on aura un *volcan éteint*, comme on en trouve un si grand nombre en France, dans l'Auvergne, le Velay et le Vivarais.

Étudions le phénomène des *tremblements de terre*, nous passerons ensuite à celui des *volcans*.

Depuis l'origine des sociétés humaines, les tremblements de terre ont été un juste sujet d'épouvante et d'horreur. Un simple ébranlement de l'écorce terrestre, qui n'est pour l'histoire naturelle de notre globe qu'un accident insignifiant, est une source d'affreux malheurs pour l'homme civilisé, car, dans l'intervalle de quelques secondes, on peut voir des contrées immenses ravagées de fond en comble, d'opulentes cités, de fer tiles campagnes changées en un monceau de ruines, et cent mille personnes périr sous les décombres des maisons renversées ou disparaître à jamais, englouties dans le sol entr'ouvert.

Avant de présenter l'histoire de l'un des évènements de ce genre, de l'un de ceux qui ont laissé dans la mémoire des hommes les plus tristes souvenirs, nous tracerons le tableau général des tremblements de terre au point de vue scientifique. Nous allons donc passer successivement en revue : les accidents précurseurs des tremblements de terre; — l'étendue superficielle de cet ébranlement du sol; — la durée et la direction des secousses; — les effets qui en résultent quant à la configuration du sol; — les désastres qu'ils occasionnent; — enfin l'impression morale qu'exerce sur l'homme cet effrayant phénomène.

On s'imagine communément qu'un tremblement de terre est toujours précédé, annoncé et pour ainsi dire préparé, par quelque agitation inusitée de l'air, par un violent orage, par des vents brûlants ou par une agitation anomale de l'aiguille aimantée. Il n'en est rien. Cette absence de phénomènes précurseurs ne peut d'ailleurs surprendre quand on sait que la cause des tremblements de terre est tout intérieure, et que par conséquent elle n'a rien à démêler avec les conditions de l'atmosphère. C'est souvent par le soleil le plus radieux, par le calme le plus profond des airs, qu'éclatent soudainement ces catastrophes qui changent en un champ de ruines et de mort les campagnes et les cités, et anéantissent en un clin d'œil des milliers d'existences. Le terrible tremblement de terre de Lisbonne surprit cette capitale un jour de fête, à neuf heures du matin, au moment où les habitants se rendaient en foule dans les églises. Les tremblements de terre arrivent par un ciel serein comme pendant la pluie, par un vent frais et doux comme par un temps d'orage. De Humboldt, dans les nombreux tremblements de terre qu'il a observés au Nouveau Monde, entre les tropiques, n'a jamais vu l'aiguille aimantée influencée par ce phénomène, et un autre voyageur, Adolphe Ermann, a fait la même remarque dans la zone tempérée, à l'occasion d'un tremblement de terre qui se fit ressentir à Irkoutsk, près du lac Baïkal, le 8 mars 1829. Le tremblement de terre de Rio-Bamba, le 4 février 1797, l'un des plus grands désastres dont fasse mention l'histoire physique de notre globe, et sur lequel Alexandre de Humboldt put recueillir de précieux renseignements, ne fut précédé d'aucun symptôme atmosphérique extérieur.

Il arrive souvent qu'un bruit affreux précède, accompagne ou suit la catastrophe. Mais ce bruit n'a pas son origine dans l'atmosphère; il gît dans les entrailles du sol : il résulte du craquement des roches, cédant, sur une immense étendue, à la pression des laves enflammées qui les brisent. Un épouvantable bruit souterrain précéda de quelques minutes le désastre de Lisbonne. Mais la grande secousse de Rio-Bamba, de février 1797, ne fut signalée par aucun bruit. Une détonation formidable fut entendue sous le sol de Quito et d'Ibarsa, villes assez distantes de Rio-Bamba, mais ce ne fut que vingt minutes après la catastrophe. Un quart d'heure après le tremblement de terre qui détruisit la ville de Lima, le 28 octobre 1746, un coup de tonnerre souterrain retentit à Truxillo. Ce ne fut également que longtemps après le grand tremblement de terre de la Nouvelle-Grenade, du 16 novembre 1827, dont M. Boussingault a donné la description, que l'on entendit dans la vallée de Cauca des détonations souterraines.

La nature du bruit qui accompagne ou suit les tremblements de terre varie beaucoup. Tantôt il se prolonge comme un sourd cliquetis de chaînes entrechoquées souterrainement, tantôt il est saccadé comme l'éclat d'un tonnerre voisin. D'autres fois il gronde longuement, comme le feraient les roulements lugubres d'un million de tambours. Il peut aussi ressembler à un bris de porcelaines et de verre, comme si des masses de roches vitrifiées volaient subitement en éclats dans des cavernes souterraines.

Un tremblement de terre, n'étant autre chose qu'une oscillation, un mouvement de l'écorce terrestre, ne peut secouer un point unique du globe, mais il doit s'étendre sur un assez grand espace. Quelquefois l'étendue de la région agitée est très considérable; il nous sera facile d'en citer des exemples.

Le tremblement de terre de Lisbonne se propagea sur un hémisphère presque tout entier. On a calculé que les secousses se firent sentir sur une étendue de pays quatre fois aussi grande que l'Europe. Le sol fut ébranlé le même jour, non seulement en Portugal et en Espagne, mais dans presque toute l'Europe, dans le nord de l'Afrique et jusqu'en Amérique. La ville de Sétubal, située à vingt lieues au sud de Lisbonne, fut engloutie. Sur la côte d'Espagne, à Cadix, la mer s'éleva de 30 mètres. En Irlande, dans le port de Kinsale, plusieurs vaisseaux furent lancés sur la place du marché. En Angleterre et en Écosse, les lacs, les rivières et les sources furent extraordinairement agités. De légères oscillations se firent sentir en Suède, en Norvège, en Hollande, en France, en Allemagne, en Suisse, en Italie et en Corse. Les sources thermales de Tœplitz tarirent d'abord, puis elles revinrent, colorées par des sels ferrugineux et inondèrent la ville. Une des sources minérales de Néris s'éleva de quatre pieds. L'oscillation de la terre fut très violente dans le nord de l'Afrique. A Alger et à Fez, on compta environ 10 000 victimes humaines. A Tanger, la mer fut extraordinairement agitée; elle franchit dix fois de suite ses limites ordinaires. Dans l'île de Madère, la mer s'éleva de 18 mètres au-dessus de sa hauteur habituelle. Fez et Mequinez, villes du Maroc, furent détruites. Enfin, dans les petites Antilles, où la marée ne dépasse pas 75 centimètres, les flots, colorés en noir comme de l'encre, s'élevèrent à 7 mètres de hauteur. Ainsi, le tremblement de terre de Lisbonne se fit sentir depuis le Portugal jusqu'en Laponie, d'une part et jusqu'aux Antilles de l'autre, et en travers de cette direction depuis le Groenland jusqu'à l'Afrique.

Nous n'avons pas besoin de dire que les tremblements de terre n'ont pas lieu uniquement sur les continents. Le fond de la mer peut osciller par suite de l'ébranlement de la terre, et un violent mouvement être ainsi imprimé à la masse des eaux. En pleine mer, les vaisseaux ont souvent ressenti des secousses de cette espèce. En 1660, le capitaine Oxmann voguait dans les mers du Sud, lorsque, tout à fait à l'improviste, son vaisseau éprouva une agitation qui causa à l'équipage une grande frayeur. On crut avoir touché le fond; mais on reconnut bien vite, après avoir jeté l'ancre, qu'on était éloigné de tout écueil. Le même accident arriva au navigateur Lemaire, dans le détroit qui porte son nom.

Toutes les secousses provenant de ces *tremblements de mer* ont quelquefois démâté des bâtiments, ou produit des voies d'eau. Cependant l'équilibre naturel à un navire rend ce genre d'accident peu dangereux. L'agitation des flots produite par les tremblements de terre n'est vraiment à redouter que sur les rivages, et dans cette dernière circonstance elle produit souvent de terribles catastrophes.

Pendant le désastre de Lisbonne, le soulèvement de la mer ajouta ses ravages à ceux de la chute des maisons et des édifices. Les flots s'élevèrent à la hauteur de 15 mètres au-dessus des plus hautes marées. Cette montagne d'eau se rua avec une puissance irrésistible sur la ville en ruine, renversant ce que le tremblement de terre avait épargné. Trois fois la mer revint à l'assaut, entraînant avec elle, dans son mouvement de retour, ce qu'avait rencontré son élan furieux.

Pendant le tremblement de terre de Lima, le 28 octobre 1746, la mer, s'élevant à la hauteur de 80 pieds, se rua sur la malheureuse ville de Callao, et l'engloutit tout entière. Une nouvelle irruption emporta même le terrain sur lequel la ville était bâtie. Tous les navires du port de Callao furent mis en pièces ou noyés. Les petits bâtiments furent submergés sur place ; les grands eurent leurs câbles rompus et furent jetés à la côte. Quatre de ces navires furent transportés par les vagues à une lieue et demie au delà des murs de la ville. Tous ces bâtiments périrent corps et biens. Les équipages de ceux qui avaient été jetés à la côte furent écrasés, comme les navires, par cet effroyable choc. De toutes la population de Callao, quinze personnes seulement parvinrent à se réfugier à Lima. Lorsque les habitants de cette dernière ville eurent repris assez de calme pour s'occuper du malheur d'autrui, on ne retrouva plus, sous les amas de débris qui avaient naguère été des vaisseaux, que des cadavres en putréfaction, et quelques malheureux mutilés mourant d'inanition, faute de pouvoir se traîner jusqu'aux abondantes provisions de vivres qui gisaient à quelques pas de distance.

Pendant le tremblement de terre sur les côtes de la Jamaïque, en 1692, la mer se souleva à une prodigieuse hauteur. Une frégate anglaise fut lancée par les vagues au-dessus des maisons et des clochers de la ville de Port-Royal, et déposée, dit-on, sur un des édifices les plus éloignés, dont elle enfonça le toit, restant suspendue entre les murailles.

Tous ces faits prouvent la violence de l'action mécanique que peut exercer la mer quand elle est lancée contre ses rivages par un mouvement convulsif du sol.

La durée d'un tremblement de terre est très variable. Il est des pays dans lesquels l'agitation du sol se prolonge pendant des semaines et des mois entiers ; on a vu au Pérou la terre trembler pendant plusieurs années consécutives. En certaines contrées ces tremblements de terre sont en quelque sorte périodiques. A la Jamaïque, par exemple, il faut s'attendre une fois par an à une trépidation du sol. Il est des pays où les secousses se font sentir pendant six mois ou un an consécutifs; il s'écoule ensuite des siècles sans qu'elles se renouvellent. Il en est d'autres où le phénomène n'a duré qu'un jour, qu'une heure, ou qu'une seconde. Rien n'est donc plus variable que la durée d'un tremblement de terre.

Mais quels que soient le nombre et la fréquence des secousses dont la suite compose un tremblement de terre, la durée de la secousse est presque instantanée. Le tremblement de terre, comme l'orage, peut durer quelque temps; mais la secousse, comme l'éclair, ne dépasse jamais quelques secondes. Le tremblement de terre qui, en 1693, renversa la ville de Messine, et cinquante localités de la Sicile, causant la mort de 60 000 individus, ne dura que cinq secondes. Celui qui, en 1812, détruisit Caracas et changea cette ville en un monceau de ruines, dura moins encore : en trois secondes, l'œuvre de destruction fut accomplie. La première secousse mit en branle les cloches de toutes les églises, la deuxième effondra les toits des maisons; une seconde après, et avant que l'on eût pu se rendre compte de rien, une dernière secousse faisait de la ville un amas de décombres sous lesquels les habitants restaient ensevelis.

Les secousses qui, du 2 avril au 17 mai 1808, c'est-à-dire pendant sept semaines, ne cessèrent d'ébranler la province de Pignerol, et qui se répétaient quatre ou cinq fois par jour, ne durèrent jamais plus de quelques secondes chacune.

Les effets des tremblements de terre ne se bornent pas au renversement des cités entières, le sol même subit alors des modifications importantes. Il peut se soulever, comme il arriva dans le terrible tremblement de terre du Chili, de 1822, où l'on vit les côtes de l'Amérique s'exhausser sur une étendue de 300 lieues. Des montagnes nouvelles peuvent ainsi apparaître, et souvent, à l'inverse, des montagnes s'écroulent tout d'une pièce, en comblant les vallées. Quelquefois le sol s'entr'ouvre, laissant après la catastrophe d'énormes crevasses de plusieurs lieues de longueur. Ces crevasses formées par le déchirement du sol, ne restent pas toujours permanentes; ouvertes au moment de la secousse, elles se referment quelquefois subitement, en broyant entre leurs parois les maisons qu'elles viennent d'engloutir. On a vu disparaître, dans l'espace béant du sol entr'ouvert, des individus, dont le corps, quelques instants après, était rejeté, au milieu d'un déluge d'eau, du même gouffre qui venait de se refermer sur eux.

Un changement de niveau du sol, résultant de l'exhaussement ou de l'affaissement d'une étendue plus ou moins considérable de terrain, est un des effets les plus communs des tremblements de terre. En 1819, dans l'Inde, une colline de 20 lieues de longueur sur 6 de large s'éleva au milieu d'un pays plat et uni. Plus loin, au sud, et parallèlement à la même direction, le pays s'affaissa, entraînant les villages et le fort de Sindré, qui resta entouré d'eau.

Ce qui s'est produit dans l'Inde sur cette immense étendue, se manifeste constamment dans tout tremblement de terre, sur des espaces plus rétrécis. Le niveau primitif du sol est bouleversé, et le changement du cours des rivières est le résultat de ce renversement du niveau primitif du terrain.

Par les crevasses ouvertes dans le sol, on voit souvent s'élancer des éruptions de matières diverses : d'eau, de gaz et même de flammes. A Catane, en 1818, on vit jaillir des fentes de la terre, des jets d'eau chaude; en 1812, on vit près de New-Madrid, dans la vallée du Mississipi, des courants de vapeur d'eau; à Messine, en 1782, une boue et une fumée noires. Pendant le tremblement de terre de Lisbonne, en 1755, des flammes et une colonne de fumée sortirent, près de la ville, d'une crevasse qui s'était formée dans les roches d'Alsidras : plus les détonations souterraines devenaient fortes, plus cette fumée prenait d'intensité. Pendant le tremblement de terre de la Nouvelle-Grenade, du 16 novembre 1827, d'immenses effluves de gaz acide carbonique, qui sortaient des crevasses du sol, asphyxièrent une multitude d'animaux, tels que serpents et rats, qui vivent dans les cavernes.

Les effets si variés des tremblements de terre tendent à donner toute probabilité à certains évènements consignés par les anciens dans leurs annales. Qui oserait aujourd'hui donner un démenti à Pline le Naturaliste nous racontant que la Sicile, d'après les anciens historiens, fut séparée de l'Italie par un tremblement de terre? Cet évènement n'a-t-il pas, au contraire, en sa faveur une grande probabilité? Qui pourrait contredire le même auteur, quand il ajoute que l'île de Chypre fut séparée de la Syrie pour la même cause, et l'île d'Eubée (Négrepont) de la Béotie, etc.? Pourrait-on positivement nier l'existence de la fameuse Atlandide disparue sous les eaux, selon les traditions égyptiennes, quand on peut citer des faits contemporains entièrement analogues? Ce qui se passe aujourd'hui sous nos yeux explique ce qui a pu se produire en des temps reculés.

Les relations des tremblements de terre contenues dans les ouvrages modernes ne font que reproduire les catastrophes dont l'antiquité nous a transmis le récit, et que les poètes, ainsi que les chroniqueurs, ont racontées. Si le vieil Homère, circonstance assez étrange, reste muet sur les tremblements de terre et les volcans, bien que des feux souterrains aient ravagé, de son temps, l'Asie Mineure et la Grèce, Virgile décrit longuement les paroxysmes de l'Etna. Ovide, Lucrèce, Lucain, Sénèque, Ammien Marcellin et tous les chroniqueurs nous racontent des évènements qui sont la fidèle image et comme l'anticipation exacte des évènements de nos jours. Lucain fait cette remarque que les tremblements de terre ont achevé de renverser les antiques colonnes de Palmyre et de Balbek, que le temps et la fureur des hommes avaient épargnées :

Etiam periere ruinæ

« Les ruines mêmes ont péri. »

Il est certain qu'aucune force destructive n'a plus de puissance et ne peut faire périr autant d'hommes à la fois dans un espace de temps aussi court qu'un tremblement de terre. Les villes de la Syrie et les îles grecques furent presque anéanties, avec leurs habitants, dans les premiers siècles de notre ère. Sous Tibère et sous Justin, vers les années 19 et 526 avant Jésus-Christ, il périt, dans l'Asie Mineure et la Syrie, près de 200 000 personnes. Les chroniqueurs du moyen âge mentionnent des catastrophes tout aussi terribles dans les siècles suivants. 60 000 hommes moururent dans le tremblement de terre de la Sicile de 1693; et moins d'un siècle après, en 1783, 80 000 personnes succombaient presque dans les mêmes lieux. Le tremblement de 1755, qui détruisit Lisbonne et ébranla les côtes d'Espagne et le nord de l'Afrique, fit 60 000 victimes; 40 000 périrent en Amérique, en 1797, dans le tremblement de terre de Rio-Bamba. Il serait facile d'étendre de beaucoup la liste de ces funérailles.

Le lecteur ne sera donc pas surpris si nous ajoutons que rien n'épouvante l'homme, rien ne remplit son âme d'autant d'anxiété, de terreur et d'angoisses que le phénomène naturel dont nous venons d'esquisser le tableau. Nulle catastrophe n'imprime à l'âme humaine autant de justes terreurs. Quand on dit que 30 000 ou 40 000 personnes ont péri dans un tremblement de terre, cette simple mention ne peut donner une idée exacte des malheurs directement et consécutivement provoqués par cet évènement funeste. Ceux qui ont échappé à un tel désastre peuvent seuls nous apprendre sous quelles formes terribles et diverses la mort s'est offerte à leurs regards; eux seuls peuvent nous dire quelles affreuses tortures ont dû éprouver les victimes humaines ensevelies vivantes, qui meurent de rage, de désespoir ou de faim, et dont on entend jusqu'à l'agonie les plaintes déchirantes, sans pouvoir leur porter secours, faute d'instruments ou de bras. C'est aux témoins oculaires à peindre la situation des malheureux qui, blessés, à demi morts, ont miraculeusement échappé au désastre, mais qui sont exposés à mourir de faim et de froid, car ils manquent de pain, de vivres et de vêtements, parce que tout gît sous des décombres amoncelés. C'est à eux qu'il appartient de parler des fortunes détruites en un clin d'œil, du riche réduit à la mendicité, des familles entières privées de leurs biens, comme aussi des États à demi ruinés par ces pertes immenses, des progrès de la civilisation et du bien-être national retardés par des catastrophes qui renversent les villes, détruisent les ports, bouleversent les cultures, rendent les chemins impraticables, transforment en lacs de fertiles vallées ou les remplissent des décombres amoncelés des collines environnantes.

Aussi, l'homme qui a été témoin d'un tremblement de terre, est-il celui qui en appréhende le plus le retour. C'est que rien n'est imaginaire dans une telle crainte. On se sent entre les mains d'une puissance supérieure à tout. Le premier choc est souvent le plus terrible : c'est en deux ou trois secondes que ces ruches à hommes qu'on appelle des villes s'écroulent tout d'une pièce. Et rien ne peut annoncer à l'avance l'imminence du péril : le calme de la nuit, la tranquillité du jour, ne peuvent rassurer contre cette horrible éventualité; nulle précaution humaine ne saurait en garantir. Quand une fois la secousse est produite, il n'est ni prudence, ni courage, ni adresse, qui puissent assurer une vie. On s'élance hors des rues, on fuit vers les grandes places ou dans la campagne, pour éviter la chute des débris, et la terre s'entr'ouvre pour vous engloutir dans une fente subitement formée. Se défiant de la terre, on se réfugie sur les eaux, on monte dans une barque ou dans un navire, et le fond de la mer peut subitement disparaître dans une crevasse, ou le remous des flots lancer et écraser contre le rivage cet asile trompeur!

XI

LES TREMBLEMENTS DE TERRE EN 1887, EN FRANCE, EN ITALIE, EN SUISSE ET DANS L'ASIE CENTRALE

De violents tremblements de terre ont agité l'Europe en 1887. Dès le mercredi, 23 février (jour des Cendres), de tristes nouvelles, répandues par tous les journaux, annonçaient que des secousses du sol s'étaient fait sentir, ce jour-là, sur une grande étendue de pays, dans le midi de la France et en Italie.

Le centre d'ébranlement était situé en Piémont, au pied des Alpes. C'est là que se sont produites les plus violentes agitations. De ce point les commotions sismiques ont ébranlé, dans un cercle d'un très vaste rayon, les contrées dont nous allons parler.

A Nice, trois secousses furent ressenties du nord-est au sud-ouest, avec le caractère oscillatoire. C'est à 5 heures 39 minutes du matin qu'elles se produisirent. Une quatrième eut encore lieu à 8 heures 18 minutes. La panique fut générale. La population tout entière campa tout le jour, dans les rues et sur les places.

Plusieurs maisons s'étaient écroulées, et un grand nombre étaient sérieusement endommagées. Le 25 février, la population continuait à camper en plein air, craignant de nouvelles secousses, car on avait encore ressenti une petite oscillation à 5 heures du matin.

M. Perrotin, directeur de l'Observatoire de Nice, assigne

5 heures 59 minutes du matin pour le moment du 23 février où fut ressentie une très forte secousse. Il estime la durée du phénomène à près d'une minute. Éveillé avant le commencement de la secousse, il put en observer toutes les péripéties. Faible d'abord, elle alla en augmentant, avec une étonnante rapidité. Il voulut se lever, mais il ne pouvait se tenir debout: le plancher oscillait de l'est à l'ouest, d'une façon extraordinaire. Ces oscillations, à assez longue période, étaient accompagnées de trépidations d'une violence inouïe, de très courte durée, mais d'une amplitude assez grande. Le tout avec un bruit continu très intense, pareil à celui du passage d'un train sur un pont de fer. On entendait des craquements, provenant sans doute de la désagrégation des matériaux du sol et des murs des habitations, ainsi que des bruits métalliques très caractérisés.

La secousse principale fut suivie de plusieurs autres, mais de moindre importance; elles eurent lieu aux heures suivantes:

Le 23 au matin: 6 heures 10 minutes, 8 heures 30 minutes; dans la nuit du 23 au 24 : 11 heures 15 minutes et 1 heure 50 minutes; le 25, à 5 heures 15 minutes du matin.

En réalité, les secousses ont été très nombreuses, et dans les quarante-huit heures qui ont suivi le mouvement principal, il suffisait de prêter quelque attention à ce qui se passait sous ses pieds, pour constater qu'il se produisait de fréquentes trépidations du sol.

A l'Observatoire, il s'est produit quelques légères lézardes dans l'étage supérieur, au-dessus des portes et des fenêtres; mais les instruments n'ont pas souffert: les horloges et pendules se sont simplement arrêtés. La mer n'a pas paru agitée sur le bord après la première secousse, et peu de temps après, elle était tout à fait calme.

D'après le rapport du chef du génie militaire de Nice, la première secousse aurait eu lieu à 6 heures du matin : elle fut extrêmement violente et prolongée. Elle a été suivie, à 6 heures 30 minutes, d'une seconde secousse, moins violente ; d'autres se-

LE TREMBLEMENT DE TERRE DE NICE.
La maison de l'École maternelle, après la catastrophe. D'après une gravure de l'*Illustration*.

cousses se sont encore produites à 8 heures 30 minutes du matin.

Le bâtiment des bureaux du génie militaire, au col Saint-Jean, a eu ses murs de pignon nord-sud séparés sur un centimètre de largeur.

L'École maternelle, ainsi que le représente notre gravure (page 105), fut la maison la plus éprouvée de Nice.

La montagne du Barbonnet a été fendue sur toute sa hauteur par des fissures; dans les voûtes du fort il s'est produit de nombreuses fissures. Une fente générale s'étend sur toute la longueur du fort, dans le sens nord-sud. Le magasin à poudre et le magasin aux agrès attenant ont été sensiblement endommagés.

La citerne affectée à la tourelle nord du même fort présente une fente de 1 centimètre en travers de la voûte supérieure. Cette citerne, qui était pleine et étanche, a baissé de 1m,40 en 24 heures.

A 8 heures 50 minutes du matin, le gardien de batterie Muller, du fort de la Tête-de-Chien, était en communication télégraphique avec son collègue de la Drette, pour rendre compte des effets des deux secousses ressenties le matin. Il manipulait debout, une chaise derrière lui. Interrompu par son correspondant, il avait abandonné le manipulateur, et regardait son appareil se dérouler, lorsqu'il remarqua que la transmission était interrompue par des saccades qui se produisaient dans son appareil, et que le mouvement d'horlogerie grinçait fortement. Lorsqu'il reprit le manipulateur, pour continuer sa dépêche, une violente secousse se fit sentir. Il vit le mur placé devant lui se lever et s'abaisser; et en même temps, il ressentit une violente commotion électrique dans le bras droit, qui lui fit abandonner le manipulateur, et le projeta lui-même sur sa chaise, où il resta sans mouvement, pendant quelques minutes. La commotion qu'il avait reçue était si forte, qu'il lui fut impossible de se livrer à aucun travail pendant plusieurs heures. Ce n'est que vers 4 heures du soir qu'il put continuer sa dépêche. Il lui est resté des mouvements nerveux, et, par moments, de violents maux de tête.

En même temps, Menton était assez éprouvé, et le phénomène s'étendait à Monaco, à Cannes, à Digne, à Toulon.

Marseille, Avignon, Nîmes, Grenoble, Valence, Privas, Bessèges, Lyon, Clermont-Ferrand, etc., ont ressenti les mêmes effets, par des secousses plus ou moins sensibles.

A Genève et dans d'autres localités de la Suisse, on a éprouvé quelques secousses.

Mais tous ces effets ne sont pas comparables à ce qui s'est passé de l'autre côté des Alpes, en Piémont, où se trouvait le véritable point de départ de la secousse qui se transmit de ce point aux régions circonvoisines, des deux côtés des Alpes. On a enregistré 300 morts ou blessés à Bajardo, 250 à Diano Marina; 50 morts et 36 blessés à Bussana; 30 morts et quelques blessés à Diano Castello; 30 morts à Castellaro et beaucoup de blessés. Toutes ces localités sont situées en Piémont.

On peut juger, par ce chiffre considérable de victimes, des malheurs occasionnés par le tremblement de terre du 23 février. De la petite ville de Diano Marina, où le phénomène s'est montré le plus violent, il ne reste aujourd'hui que des ruines. Ainsi que le représente notre gravure (page 109) il fallut pratiquer de véritables fouilles, auxquelles furent employées un grand nombre de personnes, pour déblayer les décombres provenant de l'effondrement des maisons.

Le P. Denza, à l'Observatoire de Moncalieri, a fait remarquer que la région où le tremblement de terre a été le plus intense, a eu à peu près la même étendue que celle où se firent sentir les commotions du 28 novembre 1884 et du 5 septembre 1886. En longitude, il s'est étendu depuis les plaines de la Lombardie et de la Lomellina jusqu'aux Alpes occidentales. En latitude, il est allé des Alpes Lépontiennes jusqu'aux deux rivières de la Ligurie. Le mouvement tellurique s'est élargi au nord et à l'ouest vers la Suisse, jusqu'à Genève et Zurich et au delà, et en France depuis le golfe du Lion jusqu'à Paris et ailleurs. Au sud, il s'est étendu, quoique plus faible, au travers de la Toscane, jusqu'à Rome et en Corse, aussi bien qu'en Calabre, et à l'est du versant adriatique, de Venise à Foggia.

Le mouvement a eu sa plus grande intensité en Ligurie, dans la Frande méridionale et en Piémont.

Le centre de l'intensité la plus grande a été dans la région du golfe de Gênes, sur la ligne qui part du point où l'Apennin se réunit aux Alpes, et descend, d'Albissola et Savone, à Monaco et Menton. C'est sur cet espace qu'il y a eu des victimes humaines dans plusieurs localités : à Albissola, Savone, Noli, Diano Marina, Diano Castello, Bajardo, Castellaro, Menton et autres régions plus intérieures. Partout, jusqu'à Marseille, il y a eu de nombreux désastres et des ruines d'édifices.

L'agitation du sol, moins intense, mais également désastreuse, s'est propagée sur le pays montagneux qui va du col d'Atare à Millesimo, Mondovi et les régions limitrophes.

Dans les points où le tremblement de terre a été le plus intense, les secousses principales ont été au nombre de trois, correspondant à 6 heures 22 minutes du matin, à 6 heures 31 minutes, et à 8 heures 53 minutes, temps moyen de Rome.

La première secousse a été la plus terrible; elle était ondulatoire.

Le phénomène a été accompagné de grondements en plusieurs endroits.

Les instruments sismiques ont signalé, jusqu'au 26 février, de fréquentes secousses, très légères. Les instruments magnétiques ont été agités.

La secousse subie par la ville de Gênes, fut ressentie, à 6 heures 22 minutes du matin, dans toute l'Italie supérieure et moyenne, en France, en Suisse et en Grèce. Son intensité fut extraordinaire, puisqu'elle allait depuis Albissola jusqu'à Nice, sur le pourtour de la mer. C'est le mouvement du sol qui détruisit presque totalement la petite ville de Diano Marina et les villages de Diano Castello, Bajardo et Bussano, et qui fit écrouler un grand nombre d'édifices à Albissola, Savone, Noil,

FOUILLES DANS LES RUINES DE DIANO MARINA, APRÈS LE TREMBLEMENT DE TERRE.
D'après une gravure de l'*Illustration*.

Alassio, Oneglia, Porto Maurizio, Castellaro, Pompeiana, etc.

En résumé, en Italie le désastre a coûté la vie à 650 personnes au moins.

Le 25 février, M. de Vaux écrivait au ministre des affaires étrangères, à Paris, pour lui rendre compte des principales circonstances du phénomène.

Le 23 février à 6 heures 25 minutes, à Gênes, selon M. de Vaux, une secousse très prolongée fut suivie presque aussitôt de plusieurs autres, moins violentes. La population, impressionnée, commença à quitter la ville, pour se retirer dans les environs de la haute Italie.

La Rivière du Couchant, et surtout la région située entre Savone et Vintimille, ont été sérieusement atteintes.

Dans la plupart des localités, selon le même témoin, beaucoup de maisons se sont écroulées, et de nombreuses personnes ont été tuées ou blessées par leur chute. Partout les habitants abandonnaient leurs demeures et campaient au dehors.

Sur le littoral jusqu'à Savone, les dommages se sont bornés à des pertes matérielles; mais dans cette ville on a compté 9 morts et 15 blessés.

Au delà de Savone, les points les plus éprouvés sont Noli, Alassio, Andora, Oneglia, où l'on signale 31 morts et 55 blessés; Taggia et surtout Diano Marina, qui a été presque entièrement détruite, et où l'on évalue à plus de 250 le nombre des personnes restées ensevelies sous les décombres.

L'église de Bajardo, près de San Remo, s'est effondrée au moment où plus de 300 habitants s'y trouvaient réunis. Il y eut, selon M. de Vaux, 30 morts à Bussano, 50 à Diano Castellaro, 5 à Pompeiana.

Plus de trois mois après le grand tremblement de terre de l'Italie et du midi de la France, le sol de l'Asie centrale fut agité par la même cause naturelle.

XII

LES VOLCANS

Tout ce qui concerne les volcans s'explique sans peine par la théorie que nous avons exposée dans le chapitre relatif aux tremblements de terre : les fractures du globe résultant de son refroidissement. Les divers phénomènes que présentent les volcans actuels sont, comme l'a dit de Humboldt, « le résultat de la réaction du noyau fluide interne de notre planète sur son écorce extérieure. »

On nomme *volcan* tout conduit qui établit une communication permanente entre l'intérieur de la terre et sa surface, conduit qui donne passage, par intervalles, à des éruptions de matière lavique ou de *laves*. La figure 14 que nous avons mise sous les yeux du lecteur à la page 92 montre, d'une manière théorique, le mécanisme géologique de l'éruption d'un volcan.

On évalue à environ trois cents le nombre des volcans actuellement en ignition à la surface de la terre. On les partage en deux groupes : les volcans *isolés* ou *centraux* et les volcans disposés en *séries*. Les premiers sont des volcans actifs autour desquels peuvent s'établir des bouches éruptives secondaires, toujours en relation avec la bouche principale. Les seconds sont disposés comme des cheminées de forge, le long de fentes qui se prolongent sur de grands espaces. Vingt, trente cônes volcaniques et plus peuvent s'élever au-dessus d'une pareille fente de la croûte terrestre, fente dont la direction se manifeste par leur propre direction linéaire. Quelquefois ces fentes se trouvent sur la crête de chaînes de montagnes élevées et disloquées, comme par exemple sur les Andes de l'Amérique méridionale.

Dans la mer, les séries de volcans se montrent sous la forme de groupes d'îles disposées en séries longitudinales.

On range parmi les volcans centraux : ceux des îles *Lipari*, qui ont comme centre le *Stromboli*, en activité permanente; l'*Etna*, le *Vésuve*, les volcans des *Açores*, des *Canaries*, des îles du *Cap-Vert*, des îles *Gallapagos*, des îles *Sandwich*, des îles *Marquises*, des îles de la *Société*, des îles de l'*Amitié*, de l'île *Bourbon*, enfin l'*Ararat*.

On range parmi les volcans en séries : la série des volcans de la Sonde, qui, sous le rapport des matières éjaculées et de la violence des éruptions, renferme les bouches à feu les plus remarquables du globe; — la série des Moluques et des Philippines; — celle des îles du Japon, des îles Mariannes; — celle du Chili; — la double série des sommets volcaniques près de Quito; — celle des Antilles, du Guatémala, du Mexique.

Les bouches des cheminées volcaniques se trouvent presque toujours au sommet d'une montagne conique plus ou moins isolée. Elles consistent en une ouverture en forme d'entonnoir, qu'on appelle *cratère* et qui se prolonge en bas dans l'intérieur de la cheminée volcanique. Le cône qui supporte le cratère est composé, pour la plus grande partie, de laves ou de produits d'éjection; aussi le désigne-t-on sous le nom de *cône d'éjection* ou *de scories*.

Il est beaucoup de volcans qui consistent uniquement dans le *cône de scories :* tel est celui de l'île de Barren, dans le golfe du Bengale. D'autres offrent, au contraire, un cône d'une très faible dimension, malgré la hauteur considérable de la chaîne volcanique, On peut citer comme exemple le cratère qui se forma au vésuve en 1829 (fig. 16).

Ce cône volcanique a depuis longtemps disparu. En 1865, nous avons fait l'ascension du vésuve et vu de près son cratère. Ce cratère n'était autre chose qu'une vaste échancrure qui occupait alors le sommet presque tout entier de la montagne. C'était une sorte de chaudière immense, à bords taillés en entonnoir, et

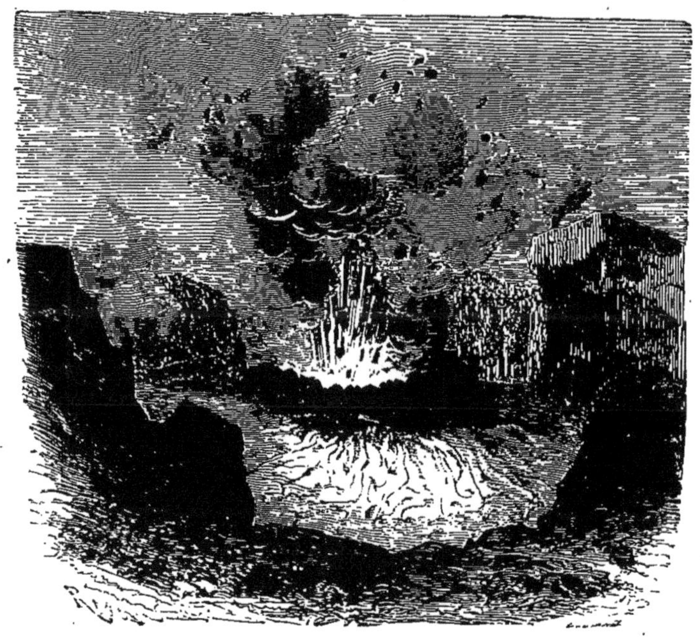

Fig. 16 — LE CRATÈRE DU VÉSUVE EN 1829.

d'où s'exhalaient, comme un vase placé sur le feu, des masses continuelles de vapeur d'eau brûlante.

L'éruption d'un volcan est ordinairement annoncée par un bruit souterrain, accompagné de secousses, d'ébranlements du sol et quelquefois de véritables tremblements de terre. Le bruit, qui provient d'une très grande profondeur, se fait entendre sur une large étendue de pays, comme s'il partait du voisinage. Il ressemble à un feu bien nourri d'artillerie ou de mousqueterie. Quelquefois, c'est comme le roulement sourd d'un tonnerre souterrain. Des crevasses se produisent souvent, aux époques des éruptions, sur un rayon considérable.

L'éruption commence par une forte secousse, qui ébranle l'intérieur de la montagne. En même temps que se produit la secousse qui triomphe des dernières résistances de la croûte solide du sol, il s'échappe, du fond du cratère, une masse considérable de gaz et particulièrement de vapeur d'eau.

Les vapeurs d'eau, il importe de le remarquer, sont la cause essentielle des terribles effets mécaniques dont s'accompagnent les éruptions des volcans actuels. Les éruptions de matières granitiques, porphyriques, trachytiques et quelquefois même basaltiques, sont arrivées au sol sans provoquer ces violentes explosions, ces formidables éjections de roches et de pierres qui accompagnent les éruptions des volcans modernes. Les granits, les porphyres, les trachytes et les basaltes se sont épanchés sans violence à l'extérieur, parce que la vapeur d'eau n'accompagnait pas ces roches liquéfiées, et telle est la circonstance qui explique la tranquillité des épanchements anciens, comparée à la violence et aux terribles effets des éruptions des volcans actuels. Bien établi par les investigations de la science, ce fait nous donne l'explication des puissants effets mécaniques des volcans modernes, qui contrastent avec les tranquilles éruptions des âges primitifs.

Dans les premiers moments d'une éruption volcanique, les masses de pierres et de poussière qui comblaient le cratère sont projetées en l'air par l'action, brusquement développée, de l'élasticité de la vapeur. Cette vapeur se dégage au travers des laves rouges de feu, sous la forme de grandes bulles arrondies qui tournoient dans l'air au-dessus du cratère et s'étendent en couronnes d'autant plus larges qu'elles s'élèvent plus haut. Ces masses de vapeurs finissent par former des nuages pelotonnés d'une éblouissante blancheur, qui suivent la direction du vent.

Pline le Jeune compare à la cime étagée d'un sapin les nuages que forme au sein des airs la vapeur d'eau provenant d'une éruption volcanique.

Ces nuages volcaniques sont gris ou noirs, selon que la quantité de *cendres* (c'est-à-dire de matière pulvérulente) qu'ils emportent mélangée à la vapeur d'eau, est plus ou moins considérable. Dans quelques éruptions, on a remarqué que ces nuages, en s'abaissant jusqu'au sol, répandaient une odeur particulière d'acide chlorhydrique ou sulfureux. On a même trouvé ces deux acides mélangés à l'eau des pluies provenant de la résolution de ces nuages.

Les nuages pelotonnés de vapeurs qui partent des volcans, sont sillonnés d'éclairs continus, suivis de violents coups de tonnerre; en se condensant, ils forment de désastreuses averses qui tombent sur les flancs de la montagne. Beaucoup d'éruptions connues sous le nom de *volcans de boue* ou de *volcans d'eau* ne sont autre chose que ces mêmes pluies entraînant avec elles et laissant tomber sur le sol des cendres, des pierres et des scories.

Passons aux phénomènes dont le cratère est le théâtre pendant l'éruption même. On y constate d'abord un mouvement incessant d'ascension et d'abaissement de la lave fluide qui remplit l'intérieur du cratère. Ce double mouvement est souvent interrompu par de violentes explosions de gaz. Le cratère de Kilauea, dans l'île de Hawaii (îles Sandwich), contient un lac de matière fondue large de 500 mètres. Ce lac subit ce double mouvement d'élévation et d'abaissement. Chacune des bulles de vapeur qui sort du cratère pousse vers le haut la lave fondue; elle s'élève et éclate à la surface avec une force considérable. Une partie de la lave, à demi refroidie et scorifiée, est ainsi projetée vers le haut, et les divers fragments sont lancés avec violence dans toutes les directions, comme ceux d'une bombe qui éclate.

Le plus grand nombre des fragments lancés verticalement dans les airs retombe dans le cratère. Beaucoup s'accumulent sur le bord de l'ouverture et ajoutent de plus en plus à la hauteur du cône d'éruption. Les fragments plus légers et de petites dimensions, comme aussi les cendres fines, sont entraînés par les spirales de vapeur et portés sur des étendues de pays souvent très considérables. En 1794, les cendres du Vésuve furent lancées jusqu'au fond de la Calabre. En 1812, celles du volcan de Saint-Vincent, dans les Antilles, furent portées à l'est jusqu'à la Barbade, et y répandirent une telle obscurité, qu'en plein jour on ne voyait pas à se conduire. Enfin quelques masses de laves, puissantes et isolées, sont projetées en dehors de la gerbe de scories; elles sont arrondies par suite de leur mouvement de tournoiement dans l'air et portent le nom de *bombes volcaniques*.

Nous avons déjà fait remarquer que la lave qui, à l'état liquide, remplit le cratère et la cheminée intérieure du volcan, a été poussée en haut par les vapeurs d'eau. Dans beaucoup de cas, la force mécanique de cette vapeur est si considérable, qu'elle lance la lave par-dessus les bords du cratère, et qu'il se forme ainsi un torrent de feu qui se répand le long de la montagne. Ce débordement n'a lieu au sommet de la montagne que dans les volcans d'une faible hauteur; dans les volcans élevés, la montagne se fend d'ordinaire près de sa base, et c'est par cette fente que le torrent de lave s'épanche sur le pays environnant.

L'écoulement de la lave donne lieu à des phénomènes qui sont très différents, selon le degré de fluidité de la lave, selon sa température et le degré d'inclinaison de la montagne.

Une fois épanchée, la lave se refroidit assez vite. Elle durcit et présente une croûte écaillée par suite du refroidissement; par ses interstices, on voit encore s'échapper des jets de vapeur d'eau. Mais, sous cette croûte superficielle, la lave continue d'être liquide; elle ne se refroidit que peu à peu à l'intérieur de sa masse. Elle chemine avec une extrême lenteur, entravée qu'elle est dans sa progression par les débris des roches qui s'entassent au devant de cette rivière brûlante et qui sont charriés par son cours.

La vitesse avec laquelle se meut un courant de lave dépend de son degré de fluidité, de sa masse et de la pente du sol. On a constaté que certains courants de lave parcouraient en une heure plus de 1000 mètres; mais leur vitesse est d'ordinaire beaucoup moindre : un homme à pied peut souvent la dépasser. Ces courants varient beaucoup en dimensions. Le courant le plus considérable de la lave de l'Etna a, sur quelques points, une épaisseur de 35 mètres et une largeur d'un mille et demi géographique. La plus grande masse lavique qui ait été épanchée dans les temps historiques est celle du Skaptor-Jukul, en Islande, en 1783. Elle forma deux courants dont les extrémités étaient éloignées l'une de l'autre de 20 lieues, et qui, de distance en distance, présentaient une largeur de 3 lieues et une épaisseur de 200 mètres.

A la fin d'une éruption lavique, quand l'activité du volcan commence à s'affaiblir, l'émission du cratère est réduite à des dégagements plus ou moins abondants de gaz, qui s'échappent par une multitude de fissures du sol, mêlés à de la vapeur d'eau.

Le plus grand nombre des volcans qui se sont ainsi éteints, forment ce qu'on appelle les *solfatares*. L'hydrogène sulfuré qui se dégage des fissures du sol se décompose au contact de l'air, en formant de l'eau. par l'action de l'oxygène atmosphérique, en laissant du soufre, qui se dépose ainsi en masses considérables sur les parois du cratère et dans les fentes du sol. Telle est l'origine géologique du soufre que l'on recueille à la *solfatare* de Pouzzoles, près de Naples.

La phase dernière de l'activité volcanique, c'est un dégagement d'acide carbonique, sans élévation de température. Dans les lieux où se manifestent ces émanations continues de gaz acide carbonique, on reconnaît l'existence d'anciens volcans dont ces dégagements gazeux sont le phénomène terminal. C'est ce que l'on observe de la façon la plus remarquable en Auvergne, où existent une multitude de sources acidules, c'est-à-dire chargées d'acide carbonique.

Pendant qu'il créait les mines de Pongibaud, M. Fournet eut à lutter contre ces émanations, qui parfois s'effectuaient avec une puissance explosive. Des jets d'eau s'élançaient à de grandes distances dans les galeries, en ronflant comme la vapeur qui s'échappe de la chaudière d'une locomotive. Le liquide qui remplissait un puits abandonné de l'exploitation fut, à deux reprises, soulevé par de violentes effervescences. Elles vidèrent à moitié cette excavation, et les torrents de gaz se répandant dans la vallée, asphyxièrent un cheval et une troupe d'oies. Les mineurs étaient obligés de s'enfuir en toute hâte au moment des éructations gazeuses, et ils devaient se tenir droits, afin de ne pas plonger la tête dans l'acide carbonique, que sa pesanteur maintient vers le bas des galeries. Combien ce phénomène dépasse en importance le petit effet de la *grotte du Chien*, située près de Naples, qui excite la surprise des badauds, et qu'on trouve mentionnée dans tous nos livres, comme si la France n'avait pas aussi ses *merveilles de la nature !*

Le même fait se manifeste avec une intensité bien supérieure à Java, dans la vallée dite *du Poison*, qui est pour les habitants un véritable objet de terreur. Dans cette vallée redoutable, le sol est partout couvert de squelettes et de carcasses de tigres, de chevreuils, de cerfs, d'oiseaux, et même d'ossements humains, car l'asphyxie frappe tout être vivant qui s'aventure dans ces lieux désolés.

Les volcans actuellement en activité sont, comme nous l'avons dit, très nombreux et répandus sur toute la surface du globe. Les plus connus sont ceux du Vésuve, près de Naples, de l'Etna, en Sicile, et de Stromboli, dans les îles Lipari. Donnons quelques rapides indications sur chacun de ces volcans actuels.

Le Vésuve est de tous les volcans celui qui a été le mieux étudié : c'est le volcan classique. Personne n'ignore qu'il s'ouvrit pour la première fois (du moins de mémoire d'homme) l'an 79 après Jésus-Christ, et que cette éruption coûta la vie au natu-

FIG. 17. — NAPLES ET LE VÉSUVE ACTUEL.

raliste Pline. Après bien des mutations, le cratère du Vésuve, depuis l'éruption de 1872, qui a été la plus importante des éruptions propres à ces dernières années, consiste en une profonde excavation qui forme comme une sorte de vaste chaudière creusée au sommet de la montagne, et d'où s'exhalent sans cesse des gaz et de la vapeur d'eau.

Le mont Vésuve était primitivement la montagne à laquelle on donne aujourd'hui le nom de *Somma*. L'immense cône qui seul aujourd'hui porte le nom de Vésuve, s'est formé lors de la terrible éruption de l'an 79, qui ensevelit sous des avalanches de débris de ponce pulvérulente les villes d'Herculanum, de Pompéi et de Stabies. Le Vésuve a vomi, depuis l'origine, des déjections de nature variée et des courants de lave. Ses éruptions ne sont séparées, de nos jours, que par des intervalles de quelques années.

Les îles Lipari renferment le volcan de Stromboli, continuellement en ignition, et qui forme ce fameux phare naturel de la mer Tyrrhénienne, tel qu'Homère l'a observé, tel qu'on l'avait vu avant le vieil Homère et qu'on le voit encore de nos jours. Ses éruptions sont continues. Le cratère d'où elles s'élancent ne se trouve pas à la pointe de l'éminence conique de l'île, mais sur un de ses côtés, à peu près aux deux tiers de la hauteur. Il est en partie rempli de lave fondue, qui s'y trouve continuellement soumise à un mouvement alternatif d'ascension et d'abaissement. Ce mouvement est provoqué par la montée de bulles de vapeur qui s'élèvent à la surface et projettent au dehors une haute colonne de cendres. Pendant la nuit, ces nuages de vapeur resplendissent d'une magnifique réverbération rouge, qui éclaire d'une sinistre lueur l'île et la mer environnante.

Situé sur la côte orientale de la Sicile, l'Etna paraît, au premier coup d'œil, avoir une structure beaucoup plus simple que celle du Vésuve. Ses pentes sont moins rapides, plus uniformes de tous côtés; sa base représente à peu près la forme d'un bouclier. La partie inférieure de l'Etna, ou la région cultivée de cette montagne, est inclinée d'environ 3°. La région moyenne, ou celle des forêts, est plus abrupte : elle mesure 8° d'inclinaison. La montagne se termine par un cône de forme elliptique, de 32° d'inclinaison, qui porte en son milieu, au-dessus d'une terrasse presque horizontale, le cône d'éruption, avec un cratère arrondi. Ce cratère est à 3 800 mètres d'altitude. Il ne donne point issue à des laves, mais seulement à des gaz. Les laves sortent par soixante cônes plus petits qui se sont formés sur les pentes du volcan. On peut, en regardant la montagne du sommet, se convaincre que ces cônes sont disposés en rayons et placés sur des fentes qui convergent vers le cratère comme vers un centre.

La dernière et l'une des plus terribles éruptions de l'Etna a eu lieu au mois de juin 1879.

Ajoutons, pour compléter cette trop rapide esquisse des phénomènes volcaniques actuels, qu'il existe des volcans sous-marins. Si l'on n'en connaît qu'un petit nombre, cela tient à ce que leur apparition au sein des eaux est presque constamment suivie d'une disparition plus ou moins complète. Toutefois des phénomènes très puissants et très visibles nous donnent une démonstration suffisante de la persistance continuelle des actions volcaniques au-dessous du bassin des mers. Au milieu des eaux de l'Océan, on voit quelquefois apparaître subitement des îles sur des points où les navigateurs n'en avaient jamais aperçu. C'est ainsi que l'on a vu de nos jours se former l'île Julia ou Ferdinanda. Apparue au sud-ouest de la Sicile, en 1831, elle s'abîma deux mois après sous les vagues.

A diverses époques, et notamment en 1811, il se forma des îles nouvelles près des Açores. Il s'en éleva à plusieurs reprises autour de l'Islande et sur beaucoup d'autres points.

L'île qui apparut en 1796 à dix lieues de la pointe septentrionale d'Unalaska, l'une des îles Aléoutiennes, est particulièrement célèbre. On vit d'abord sortir du sein de la mer une colonne de fumée; ensuite un point noir, d'où s'élançaient des gerbes enflammées, apparut à la surface de l'eau. Pendant plusieurs mois que dura ce phénomène, l'île s'accrut en largeur et en hauteur. Enfin on ne vit plus sortir que de la fumée; au bout de quatre ans, cette dernière trace des convulsions volcaniques avait même complètement cessé. L'île continua néanmoins à grandir et à s'élever; elle formait en 1806 un cône, surmonté de quatre autres plus petits.

Dans l'enceinte comprise entre les îles Santorin, Therasia et Aspronisi, dans la Méditerranée, s'éleva, cent quatre-vingt-six ans avant notre ère, l'île d'*Hiera*, qui s'accrut encore par des îlots soulevés sur ses bords pendant les années 19, 726 et 1427. On a vu apparaître en 1773 Micra-Kameni, et Nea-Kameni en 1707. Ces îles s'accrurent successivement en 1709, 1711, 1722, etc. Selon les anciens, Santorin, Therasia et Aspronisi avaient apparu, plusieurs siècles avant Jésus-Christ, à la suite de tremblements de terre d'une grande violence.

En 1866, des monticules de lave se formèrent à la suite d'une éruption volcanique sous-marine, près de l'île de Santorin, et ces terres éruptives constituent de petits îlots encore travaillés par les feux souterrains. On appelle *île d'Aphroessa* et *île du Roi George* (en l'honneur du roi des Hellènes) ces formations volcaniques.

XIII

LA PREMIÈRE ÉRUPTION DU VÉSUVE ET LA MORT DE PLINE L'ANCIEN

Quand on se trouve à Naples, si on se place au port Sainte-Lucie, ou à la *Villa reale*, on a devant soi la masse imposante du Vésuve, qui surmonte le rivage opposé et domine la gracieuse courbe du golfe. Au pied du Vésuve et tout le long du rivage s'étend une ligne non interrompue de maisons, de jardins et de lieux d'habitation. On croirait que Naples se prolonge sans aucune interruption sur cette immense côte. (V. la fig. 17, p. 119.) L'éloignement seul produit cette illusion. Cette longue file de maisons, qui apparaît comme un simple faubourg de Naples, est composée, en réalité, d'une dizaine de bourgs ou de villages séparés, qui sont Portici, Résina, Torre del Greco, Torre dell Annunziata, Castellamare et Sorrente.

Au Ier siècle de notre ère, sous les empereurs romains, toutes ces lignes, tous ces aspects existaient. La côte de Naples (*Neapolis*) offrait à l'œil les mêmes enchantements, à l'âme les mêmes langueurs, au commerce maritime les mêmes avantages. Une population nombreuse et active, partagée entre les plaisirs et les affaires, se pressait le long de cet étroit rivage. Seulement, les villes ou villages ne portaient pas tous le nom qu'ils ont aujourd'hui. Naples et Sorrente seulement (*Neapolis* et *Sorrentum*) avaient le nom qu'elles ont encore. Portici s'appelait *Herculanum*, Torre dell Annunziata s'appelait *Oplonte*, Castellamare s'appelait *Stabies*.

Il y avait au bord de la mer une autre ville d'une grande importance et dont les modernes n'ont eu, hélas! ni à modifier ni à conserver le nom, car il fut pendant quinze siècles effacé de l'histoire! C'était Pompéi.

Neapolis, ou Naples, n'était pas alors, comme elle est aujourd'hui, une ville de 500 000 âmes. C'était pour les Romains une ville de plaisirs, un lieu de distraction. Son port, médiocrement fréquenté, le cédait de beaucoup en importance à ceux d'Herculanum et de Pompéi.

Herculanum, sur laquelle est bâtie aujourd'hui Portici, simple faubourg de Naples, était une ville très ancienne. Elle remontait aux Étrusques. Singulièrement développée par les Samnites, devenue plus tard colonie romaine, Herculanum était une des villes les plus florissantes de la Campanie. Son port s'appelait *Retina*, d'où est venu celui du village actuel de *Resina*. C'était une cité riche et artistique. Habitée par une population de loisir, elle renfermait beaucoup plus de monuments publics et d'objets d'art que Pompéi, plus particulièrement vouée au commerce maritime.

Pompéi, colonie grecque selon toute apparence, était le grand port commercial d'une partie de l'Italie. Elle servait d'entrepôt aux marchandises de Nola, de Nocera et d'Atella. Son port, placé à une certaine distance de la ville, était très spacieux; il aurait pu recevoir une armée navale, car il abrita toute la flotte de T. Cornelius.

Pompéi était placée sous la domination romaine; mais, par exception, le joug de Rome s'y faisait peu sentir. La ville ne payait qu'un tribut d'hommes en cas de guerre. Moyennant cette redevance éventuelle, elle s'administrait elle-même : elle avait son sénat, ses magistrats et ses comices.

C'est à la faveur de ces conditions favorables que Pompéi avait acquis une grande prospérité. Sa population dépassait le chiffre de 40 000 âmes.

Comme Pompéi, Stabies, bâtie au bord du golfe, à deux lieues de Sorrente, dans une des situations les plus délicieuses de l'univers, avait été un port de commerce riche et fréquenté. Mais elle avait traversé des jours terribles. Dans la guerre sociale, elle s'était prononcée pour Marius, de sorte que Sylla, vainqueur, porta dans ses murs le fer et la flamme. Le 30 avril de l'an 89 avant Jésus-Christ, elle fut prise d'assaut et presque entièrement ruinée[1]. Les Pompéiens, du haut de leurs murailles, assistèrent avec terreur à cette exécution militaire qui menaçait de les atteindre à leur tour, car ils avaient encouru la même disgrâce. Heureusement le bras du farouche dictateur s'était fatigué au sac de Stabies.

Vers l'an 60 après J.-C., Stabies ne s'était encore qu'imparfaitement relevée de son désastre, et ne représentait, comparativement à Pompéi, qu'un bourg à demi ruiné.

Toutes ces villes s'étendaient, comme nous l'avons dit, le long de la côte et du golfe de Naples, au pied du Vésuve.

Seulement, le Vésuve, tel que nous le connaissons, cet immense cône qui dresse vers le ciel son sommet fumant, n'existait pas alors. Il y avait à sa place une montagne appelée *Somma*, dont la hauteur n'était guère que la moitié à peu près de celle du Vésuve actuel.

La Somma n'avait rien d'ailleurs de cette montagne ignivome qui est suspendue, comme une menace éternelle, sur la campagne de Naples. C'était une montagne agreste et charmante, remplie de bocages et de chansons, boisée depuis sa base jusqu'à sa cime, qui se creusait en entonnoir. Elle était couverte de *villas* qui appartenaient aux riches habitants de la côte. Les négociants de Pompéi, d'Herculanum et de Neapolis allaient y passer leurs jours de repos, comme les Marseillais ou les Cettois vont se délasser, le dimanche, dans leurs *bastides* et leurs *baraquettes*. Beaucoup d'opulents Romains de toute l'Italie avaient là aussi des maisons de campagne. Cicéron n'avait pas manqué d'en faire construire une sur la Somma, lui qui en

1. Pline, *Hist. nat.*, liv. III, ch. V.

avait déjà à Cumes, à Baïa, à Pouzzoles, sans compter Tusculum et autres lieux.

Rien ne faisait donc pressentir aux heureux habitants de la côte de Naples la catastrophe qui les menaçait. C'est bien à eux que pouvait s'appliquer le mot célèbre de Salvandy : ils dansaient sur un volcan.

A la vérité, Strabon et d'autres auteurs anciens avaient écrit qu'en des temps reculés la Somma avait été le théâtre d'une éruption volcanique. En y regardant de près, on aurait reconnu que la ville d'Herculanum était positivement bâtie sur un épanchement de lave, et que les blocs noirs et polis qui servaient à paver les rues de Pompéi n'étaient autre chose que de la lave. Mais les Romains estimaient trop peu la science et les savants pour s'inquiéter de ce qu'avaient pu écrire d'anciens auteurs ; et comme la géologie n'existait alors que dans les limbes de l'avenir, les Pompéiens auraient été fort en peine de distinguer une roche volcanique d'une roche calcaire.

Bien que l'on vît, aux portes de Naples, les *champs Phlégréens* (*campi Phlegræi*, campagnes brûlantes) couverts d'émanations volcaniques, et la *solfatare* de Pouzzoles fumer d'une assez sinistre façon, personne n'avait la moindre crainte. On ne voulait pas considérer la Somma comme un volcan. Les poètes la chantaient comme la source d'où les dieux faisaient découler un vin généreux, présent parfumé de cette terre bénie.

« Le voilà, s'écrie Martial, le voilà, ce Vésuve, couronné jadis de pampres verts, dont le fruit heureux inondait de son jus nos pressoirs ! Les voilà, ces coteaux que Bacchus préférait aux collines de Nyse ! Naguère encore, les satyres dansaient sur ce mont ; il fut le séjour de Vénus, plus cher à la déesse que Lacédémone. Hercule aussi l'illustra de son nom. Les flammes ont tout détruit, tout enseveli sous des monceaux de cendres ! Les dieux mêmes voudraient que leur pouvoir ne fût pas allé jusque-là. »

Cependant, l'an 63 après J.-C., les habitants de Pompéi reçurent de la montagne qui les dominait ce que nous appellerons, pour emprunter son langage à la politique administrative de notre second empire, un premier avertissement.

L'an 63, Pompéi fut affreusement secouée par un tremblement de terre. Le palais de justice (basilique), la colonnade du forum, le théâtre comique et le théâtre tragique, plusieurs temples ou maisons, furent renversés par les mouvements convulsifs du sol. La moitié de la population, frappée d'épouvante, quitta la ville, emportant ses richesses, ses meubles et ses statues.

Ce tremblement de terre éprouva très rudement aussi les villes de Naples et de Nocera. Sénèque nous apprend qu'à Nocera il ne resta pas une seule maison debout, et que presque tous les habitants perdirent la vie ou la raison.

A Naples, au moment de l'ébranlement du sol, la multitude était rassemblée au théâtre, pour y entendre Néron en personne exécuter la fameuse cantate de sa composition. Pendant qu'un chœur de cinq cents personnes accompagnait la voix du tyran, pendant que chacun admirait la grâce et l'aisance de l'artiste couronné, l'édifice s'écroula. Néron ne voulut pas que la cantate fût interrompue pour si peu. Il ne laissa sortir la foule qu'après que les chants furent terminés. Aussi beaucoup de personnes furent-elles étouffées sous les ruines, et l'empereur lui-même n'en fut pas tiré sans peine.

Cet avertissement, malgré sa gravité, fut perdu pour les Pompéiens. On se rassura peu à peu. Le sénat, après avoir longtemps hésité, se décida à autoriser la reconstruction de la ville.

On voulut que cette reconstruction fût un véritable rajeunissement de la cité. Des artistes furent requis de tous les coins de l'Italie, pour concourir à l'embellissement de la ville repeuplée. La basilique, le forum, les temples, furent relevés et ornés de chapiteaux à la mode nouvelle, c'est-à-dire dans l'ordre corinthien-romain. L'intérieur des maisons se couvrit de peintures faites sur d'excellents stucs et reproduisant les meilleures compositions de l'art grec et romain. Des statues de marbre et de bronze vinrent orner l'*atrium*, les salles à manger et les chambres de chaque maison. Des fontaines, ornées de groupes du marbre le plus pur, vinrent décorer les cours intérieures. Partout le luxe et le goût s'exercèrent pour embellir la ville nouvelle.

C'est pour cela, disons-le en passant, que l'on trouve dans un état de fraîcheur si extraordinaire les peintures que l'on découvre chaque jour dans le déblayement de Pompéi. C'est pour cela que les marbres et les statues retirées des fouilles ont encore tout leur éclat. Nous avons vu, par exemple, dans la maison de Cornélius Rufus, deux pieds de table admirablement sculptés, qui sont aussi reluisants, aussi polis, que les marbres neufs qui sortent de l'atelier d'un sculpteur moderne.

Ainsi, les temples se relevaient, le travail et le plaisir rentraient ensemble dans la ville restaurée; le mouvement et la vie reprenaient leur cours dans les maisons, égayées de peintures nouvelles, lorsque éclata, l'an 79 de notre ère, l'épouvantable éruption qui devait faire tant de ruines.

On manque de détails positifs sur les circonstances qui précédèrent et accompagnèrent l'éruption volcanique de la Somma, qui, par l'accumulation de ses débris, forma le cône de tuf et de pierre ponce composant le Vésuve actuel, et qui fit disparaître, sous les pierres et la poussière terreuse, plusieurs villages, ainsi que les villes d'Herculanum, de Pompéi et de Stabies. Pline le Jeune, dans une *Lettre à Tacite* relative à cet évènement et que tous les auteurs modernes croient devoir reproduire, ne dit presque rien sur la manière dont se produisit ce grand phénomène, et le silence de Pline le Jeune nous réduit aujourd'hui à de simples inductions pour expliquer dans ses détails un fait naturel dont il eût été facile aux témoins oculaires de tracer une description exacte.

En nous aidant des faits géologiques et des récits des rares auteurs anciens qui ont parlé de la catastrophe où périt Pline l'Ancien, nous allons essayer de raconter, à notre tour cet évènement historique.

Le 23 août de l'année 79, il était environ deux heures après midi, lorsque des détonations effroyables partirent tout à coup des profondeurs de la Somma et vinrent jeter la terreur chez tous les habitants du pied de la montagne. Pendant les jours précédents, diverses secousses de tremblement de terre avaient commencé d'éveiller quelques inquiétudes sur une grande étendue du pays environnant. Le ciel était serein, la mer tranquille. Le vent, qui venait d'abord du nord, se fixa ensuite vers l'est. Les détonations redoublèrent de violence; enfin une énorme colonne de vapeur d'eau, dont la forme a été comparée avec beaucoup de justesse, par Pline le Jeune, au tronc et à la cime d'un pin-parasol, couronna la montagne de son lugubre panache. Ce formidable nuage, sorti des entrailles de la terre, s'accrut peu à peu. Il demeura quelque temps immobile au milieu des airs. Enfin, sa tête grossissant toujours, elle s'infléchit, la vapeur se condensa et tomba en pluie bouillante sur les flancs de la montagne, d'où elle se précipita vers la mer. Herculanum, placée au pied même de la Somma, entre la montagne et la mer, se trouvait sur la route de ce terrible fleuve de boue; elle fut envahie par le torrent furieux. En même temps la montagne, ouvrant tous ses abîmes, lançait une masse effroyable de pierres brûlantes et de terres calcinées par le feu. Le tout s'abattit sur Herculanum.

Nous laisserons à d'autres le soin de décrire les scènes de terreur, de confusion et de mort qui durent se passer dans les ténèbres sinistres qui vinrent envelopper la ville, pendant que les cataractes de la terre et celles du ciel s'ouvraient pour l'anéantir.

Les habitants d'Herculanum avaient fui, les uns du côté de Naples, les autres du côté de Pompéi. Les premiers seuls avaient été bien inspirés. Naples ne reçut, en effet, aucune atteinte. Mais Pompéi devait partager le sort d'Herculanum.

Jusqu'au soir on put espérer que Pompéi serait épargnée; mais, vers huit heures, l'éruption de la Somma redoubla de violence. Les détonations électriques ne cessaient de retentir dans les profondeurs de la montagne, comme dans les nuages de vapeur d'eau qui s'en échappaient. Aux brûlantes vapeurs d'eau succéda une masse effroyable de pierres ponces, rouges de feu. Toute la côte fut couverte du sinistre nuage formé par ces pierres, qui s'entre-choquaient dans l'air avec un bruit affreux. Cette pluie de pierres commença à s'abattre sur Pompéi.

Le sablier que l'on trouva renversé à Pompéi, et que l'on conserve au musée de Naples, marque la quatorzième heure après le *meridies*, c'est-à-dire deux heures après minuit. Ce fut donc au milieu de la nuit que le désastre atteignit la malheureuse cité.

Cette nuit parut éternelle. Personne ne vit la lumière se lever le lendemain, car le nuage de terre et de *lapilli*, qui tombait sans relâche, obscurcissait le ciel et fit méconnaître l'arrivée du jour. A partir de ce moment, le fléau fut à son comble. La ville de Pompéi fut en proie à des scènes d'épouvante et d'horreur que l'imagination se figure mieux que la plume ne saurait les retracer.

Le 24 août, c'est-à-dire le lendemain de la destruction d'Herculanum et de Pompéi, Stabies, à son tour, fut atteinte par le nuage terreux qui portait avec lui l'incendie et la mort. Les dernières poussières lancées par la Somma servirent de linceul à la malheureuse Stabies. Le Vésuve acheva l'œuvre commencée par l'exterminateur Sylla. Seulement le volcan alla plus loin : il effaça jusqu'à l'emplacement de la ville.

La pluie de terre était si épaisse, qu'à sept lieues du volcan il fallait se secouer continuellement pour n'être pas étouffé. On prétend qu'elle fut portée jusqu'en Afrique. Elle alla au moins jusqu'à Rome, où elle obscurcit le jour. Les Romains disaient entre eux : « C'est le monde qui finit. Le soleil va tomber sur la terre, ou la terre monter au ciel, pour s'y embraser ! » Pline le Jeune a écrit : « Ce qui nous consolait tristement, c'était la pensée que tout l'univers périssait avec nous ! »

Pendant ces deux journées terribles, sept villes ou bourgs

cessèrent d'exister : Herculanum et son port Retina, Oplonte, Tagianum, Taurania, Pompéi et Stabies.

Il suffit de jeter les yeux sur une carte de géographie pour voir que Stabies, ou le Castellamare actuel, est située juste en face du cap Misène. Castellamare et Sorrente sont placées à l'une des pointes du golfe de Naples, dont le cap Misène forme l'extrémité opposée.

C'est au cap Misène que se trouvait Pline le Naturaliste, qui en ce moment commandait la flotte romaine établie sur ce point pour menacer la piraterie de l'Afrique. Il fut donc un des premiers à apercevoir ce qui se passait sur le rivage qui s'étend au pied de la Somma.

Sa sœur vint la première lui faire part, dans l'après-midi du 23 août, du phénomène extraordinaire qui se manifestait au-dessus de la montagne. Pline était couché sur son lit, se livrant à l'étude, après avoir pris, selon sa coutume, quelques instants de repos, étendu au soleil. Il se leva aussitôt et s'empressa de monter sur un lieu élevé. Là, portant ses regards vers la mer, il vit le spectacle effrayant que présentait le gigantesque nuage de vapeurs qui, s'échappant du cratère, couvrait comme d'un lugubre manteau toute la campagne environnante. Plus de doute pour lui, la Somma était en feu ! C'était une éruption volcanique qui se préparait !

Pour un naturaliste qui a passé sa vie à décrire et à commenter des prodiges racontés par tous les savants, c'était une bonne fortune que d'avoir à observer par soi-même un prodige entre les prodiges, d'être témoin oculaire du plus étonnant, du plus terrifiant des phénomènes de la nature.

Redescendu au port, Pline commande d'appareiller au plus tôt une galère légère, décidé à se diriger, avec quelques hommes, sur la côte opposée, pour être témoin de l'éruption.

Son neveu se trouvait auprès de lui, à Misène, occupé, sous sa direction, à des travaux littéraires : « Tu peux me suivre, » lui dit-il.

Le jeune homme n'avait pas pour l'étude des phénomènes naturels la même passion, la même ardeur curieuse que son oncle. Il ne paraissait pas très désireux d'aller voir un si terrible évènement. « Si vous le permettez, dit-il, je préférerais demeurer à Misène, auprès de ma mère. J'achèverais ces extraits de Tacite dont vous m'avez chargé. »

Pline se décida à partir seul.

Il était au moment de monter sur sa galère et avait à la main ses tablettes toutes préparées, pour tenir une note exacte de ce qu'il allait observer, lorsqu'il fut arrêté par l'émoi et l'agitation que causait le débarquement d'un certain nombre de matelots et de soldats qui avaient quitté en toute hâte Retina, le port d'Herculanum.

Ces soldats venaient prier le commandant de la flotte romaine d'envoyer des galères sur la côte, afin de prendre à leur bord et de mettre en sûreté les hommes de la garnison et les matelots qui se trouvaient sur le rivage menacé; comme aussi pour porter secours, s'il était possible, aux malheureux habitants. Pline, qui avait déjà décidé son courageux voyage, n'eut rien à changer à son dessein. Au lieu de partir avec une seule galère, il en fit appareiller plusieurs. Il monta sur l'une d'elles, et fit diriger au large la flottille.

Il pressait vivement les matelots d'accélérer la marche. Tout en donnant ses ordres, dès qu'il voyait apparaître quelque mouvement ou quelque fait extraordinaire, il consignait ou dictait ses observations, avec une entière liberté d'esprit.

Un de ses amis, homme riche et savant, nommé Pomponianus, habitait Stabies. D'un autre côté, Stabies, moins menacée que les autres points du rivage, était encore accessible aux vaisseaux. Ce fut donc sur la côte de Stabies que l'on décida d'aborder, pensant d'ailleurs que l'on serait mieux placé là pour recueillir les fugitifs et prendre conseil des évènements.

Cependant, comme on approchait du rivage, le danger devenait manifeste. La poussière qui tombait sur les galères était de plus en plus chaude à mesure que l'on avançait vers Stabies. A la poussière succéda bientôt une chute de pierres noirâtres. On apercevait sur le rivage des amas de ces pierres, qui, par leur accumulation, constituaient de petites éminences brûlantes et devaient rendre le débarquement difficile.

Pendant ce temps, le neveu de Pline, que l'étude « retenait au rivage », faisait à Misène, dans la cour de sa maison, ses extraits de Tacite.

« Après que mon oncle fut parti, dit-il dans sa *Lettre à Tacite*, je continuai l'étude qui m'avait empêché de le suivre. Je pris un bain, je me couchai et dormis peu et d'un sommeil interrompu. »

Le petit équipage de Pline, frappé de terreur, demandait à retourner au cap Misène. Pline lui-même sentait faiblir sa résolution. Il était au moment de suivre le conseil du pilote, qui le suppliait de revenir à Misène, mais cette irrésolution fut de courte durée :

« La fortune favorise le courage, dit-il au pilote. Tourne du côté de Pomponianus ! »

L'ordre fut exécuté, et au bout de quelques instants on débarquait sur la côte de Stabies, horriblement travaillée déjà par le tremblement de terre qui accompagnait l'éruption volcanique.

Le premier soin de Pline fut de courir à la recherche de son ami Pomponianus. Celui-ci, dans la crainte du péril qui menaçait la ville, s'était empressé de faire porter ses meubles et ses richesses sur des vaisseaux qui lui appartenaient. Mais le vent contraire et l'agitation de la mer empêchaient son départ.

Pline trouve son ami tout tremblant. Il l'embrasse, le rassure et l'encourage. Pour mieux dissiper ses craintes, il se fait porter au bain et y demeure un certain temps, en affectant la plus grande tranquillité.

Après le bain, on se mit à table. Malgré le péril, qui croissait de minute en minute, Pline, pendant le repas, montra toutes les apparences de sa gaieté ordinaire. A travers les fenêtres de la maison de Pomponianus on voyait le Vésuve, embrasé de mille feux, projetant de sinistres lueurs sur la cime de la montagne, tandis qu'autour d'eux Stabies et ses environs étaient plongés dans les plus affreuses ténèbres, résultant, non d'une nuit sans lune, mais de la poussière épaisse qui ne cessait de tomber. Comme l'on montrait avec effroi à Pline les lueurs qui couronnaient le Vésuve : « Ces flammes, répondit-il, ne sortent pas de la montagne. Ce sont des villages qui brûlent, après avoir été abandonnés par les paysans. »

Pour rassurer davantage ses hôtes, Pline, après le souper, se retira dans sa chambre. Il se coucha et s'endormit avec la plus grande tranquillité.

Ses amis, qui n'avaient pas la même confiance, n'eurent garde de l'imiter. Ils veillaient dans l'*atrium*, s'abritant sous les portiques contre la chute continuelle des *lapilli* et de la poussière. En ce moment Pline dormait si bien qu'on l'entendait ronfler de l'antichambre.

Cependant les *lapilli* remplissaient la cour, et pour peu qu'on eût laissé Pline plus longtemps endormi dans sa chambre, la sortie lui aurait été impossible. On l'éveille donc. Il se lève et va rejoindre Pomponianus, qui, avec ses amis, avait passé la nuit debout.

Que faire, que devenir, quel parti prendre en cette nuit funeste ? On n'osait se renfermer dans la maison, de crainte de s'y trouver bloqué par les poussières volcaniques, dont l'accumulation commençait à fermer toutes les issues. D'ailleurs, les maisons s'agitaient avec une telle violence, les secousses du tremblement de terre étaient si fortes et si répétées, que l'on pouvait à chaque instant être écrasé. On n'osait non plus s'aventurer dans la campagne, à cause des *lapilli* qui ne cessaient de pleuvoir.

On prit cependant ce dernier parti. On sortit de la ville, après avoir eu la précaution de se couvrir la tête d'oreillers attachés avec des mouchoirs.

Le sablier marquait en ce moment les premières heures du matin; mais on ne pouvait se flatter d'apercevoir le jour. La

FIG. 15. — MORT DE PLINE, SUR LE RIVAGE DE STABIES, PENDANT L'ÉRUPTION DU VÉSUVE.

campagne était enveloppée dans la plus sombre, la plus affreuse des nuits, interrompue seulement par quelques clartés subites provenant des gaz enflammés qui s'échappaient des crevasses du sol.

Pline proposa de s'approcher du rivage, pour reconnaître si l'état de la mer ne permettrait pas de se rembarquer sur les vaisseaux. Mais la mer était agitée par une violence inouïe, et un vent contraire soufflait du large.

Il était donc impossible de s'embarquer. La mort paraissait inévitable.

Avec une résignation stoïque, Pline fit étendre un drap de lit sur le rivage. Il se fit apporter un peu d'eau, pour calmer la soif qui le dévorait, et se coucha sur le sol, pour se reposer quelques instants.

En ce moment, la terre se fendit; une fracture, une crevasse du sol, comme il en arrive dans tous les tremblements de terre, se forma près de Pline et de ses amis terrifiés. Un gaz irrespirable, sans doute de l'acide carbonique, de l'azote ou de l'hydrogène sulfuré, s'échappa par la fente, et répandit dans l'air une odeur sulfureuse.

Tout le monde s'enfuit. Pline veut suivre ses compagnons. Il essaye de se lever, appuyé sur le bras des deux esclaves. Mais le gaz asphyxiant l'enveloppe. Ce gaz sortant du sol, précisément au point où il était couché, dut exercer plus activement sur lui que sur les autres son action méphitique. Pline, d'ailleurs, vieux et asthmatique, était très impressionnable par les voies respiratoires. Il fut asphyxié par le gaz irrespirable. Il retomba inerte sur le sol. Les esclaves l'abandonnèrent, et il ne tarda pas à rendre le dernier soupir.

La lumière ne reparut dans ces lieux désolés qu'au bout de trois longs jours. Quand on vint relever le corps de Pline, on le trouva dans la posture d'un homme au repos, couvert de sa robe et de ses vêtements parfaitement intacts, l'air aussi calme que s'il eût été vivant.

XIV

LES MERS

L'Océan, cette immense nappe d'eau qui recouvre à peu près les trois quarts de la surface du globe, joue un rôle très important dans l'économie de la nature. Balayée par les vents, sa vaste surface aspire sans cesse les gaz nuisibles qui chargent l'atmosphère; elle engloutit dans son énorme masse les débris que lui apportent les eaux courantes qui ont lavé les continents, et elle rend à l'atmosphère ses eaux purifiées, sous forme de vapeurs, qui retombent sur la terre en pluie, en neige ou en rosée. Ces eaux retournent à l'Océan par le canal des rivières et des fleuves; et ainsi s'établit ce cercle éternel, ce voyage sans fin, qui fait servir les mêmes eaux à l'entretien et au renouvellement de la vie organique sur le globe.

L'immensité et la profondeur des mers ne sont pas des obstacles au commerce des peuples, qu'elles ne séparent qu'en apparence. Les routes maritimes, parcourues aujourd'hui par tant de navires, sont plus libres et plus larges que nos routes de la terre; la nature se charge de les entretenir et elles ne coûtent rien aux États.

Un des traits les plus caractérisques de la mer, c'est sa continuité. A l'exception de quelques réservoirs intérieurs qu'elle a abandonnés au milieu des continents, tels que la mer Caspienne la mer Morte, etc., la mer est une et indivisible. Comme dit le poète, « elle embrasse la terre entière d'un flot non interrompu. »

Περὶ πᾶσαν εἱλισσόμενος χθόν' ἀκοιμήτῳ ῥεύματι.

La profondeur moyenne de la mer ne nous est pas exactement connue. On ne pourrait expliquer certains phénomènes qu'on observe dans le mouvement des marées, sans admettre une profondeur moyenne d'au moins 7 kilomètres. Il est vrai qu'un grand nombre de sondages, exécutés en pleine mer, ont donné des résultats inférieurs à cette limite; mais en revanche d'autres l'ont de beaucoup dépassée, et l'on connaît des cas où 12 à 15 kilomètres de fil de sonde ont été dévidés sans toucher le fond. En admettant que 6 kilomètres 1/2 représentent la profondeur moyenne de l'Océan, sir John Herschel a trouvé que le volume de ses eaux dépasse trois millions de myriamètres cubes (trois milliards de kilomètres cubes) et leur poids total 3 millions de trillions de tonneaux[1]; pour écrire ce dernier chiffre, il faut 18 zéros à la suite du 3. Ce poids total représente $\frac{1}{2000}$ de la masse de la terre.

La couleur de la mer varie beaucoup, du moins en apparence. D'après le témoignage d'un grand nombre d'observateurs, l'Océan, vu par réflexion, présente une teinte bleue d'outremer, ou bleu d'azur vif. Quand l'air est pur, la surface tranquille des eaux paraît d'un azur plus brillant que celui du ciel. Par un temps couvert, cette teinte passe au vert sombre; elle se rembrunit également si la mer est agitée. Au coucher du soleil, la surface des eaux s'illumine de teintes pourpre et émeraude.

Une foule de circonstances locales influent encore sur la couleur des eaux de la mer, et leur donnent quelquefois une certaine nuance prononcée et constante. Un fond de sable blanc communique à l'eau de la mer, si elle est peu profonde, une teinte grisâtre ou vert-pomme; quand le sable est jaune, le vert pa-

1. Un *tonneau*, ou une *tonne*, pèse 1000 kilogrammes.

raît plus sombre. La présence des écueils est souvent annoncée par la couleur foncée que la mer prend dans leur voisinage. Dans la baie de Loango, les eaux semblent fortement rougeâtres, parce que le fond y est naturellement rouge.

D'autres fois, ce sont des animalcules colorés qui donnent à l'eau une teinte particulière. La mer Rouge doit sa coloration particulière à une algue microscopique, le *Trychodesmium erythrœum*. Les eaux de la mer concentrées par l'action spontanée des rayons solaires, dans les marais salants du midi de la France, prennent, quand elles sont arrivées à un certain degré de concentration, une belle couleur rouge, qui est due à des animalcules à carapace rougeâtre, qui vivent dans l'eau de mer à ce degré de concentration, et qui, circonstance bien étrange, meurent dès que l'eau atteint une densité plus forte par la concentration, ou plus faible par l'effet des pluies.

Les navigateurs traversent souvent de longues bandes vertes, rouges, blanches ou jaunes, dont les teintes sont dues à des crustacés microscopiques, à des méduses, des zoophytes, et à des plantes marines. C'est ce que l'on observe dans la partie de l'océan Atlantique connue sous le nom de mer de Sargasses ou de Varechs; c'est ce que l'on voit aussi sur la côte d'Afrique, etc.

C'est à une cause du même genre qu'il faut rapporter le magnifique phénomène de la *phosphorescence de la mer*, qui se manifeste fréquemment dans l'océan Indien, dans le golfe de Suède, le golfe d'Arabie, etc. Dans la mer des Indes, le capitaine Kingman traversa une zone de 40 kilomètres de largeur, tellement remplie d'animalcules phosphorescents, qu'elle présentait, pendant la nuit, l'aspect d'un immense champ de neige. Ces animaux, longs de près de 15 centimètres, étaient formés d'une matière gélatineuse et translucide.

La phosphorescence de la mer est un spectacle imposant et magnifique. Le navire, en sillonnant les ondes, semble s'avancer au milieu de flammes rouges et bleues, qui jaillissent de la quille comme autant d'éclairs. On croit voir des myriades d'étoiles qui flottent et se jouent à la surface des flots; elles se multiplient, se réunissent et finissent par former un vaste champ de feu. Quand le temps est orageux, les vagues qui s'élèvent sont lumineuses; elles roulent et se brisent en une écume argentée. Des corps étincelants, qu'on prendrait pour des poissons de feu, semblent se poursuivre, s'atteindre, se perdre et s'élancer de nouveau.

Connu de temps immémorial, le phénomène de la phosphorescence de la mer a été observé par tous les navigateurs. Il est assez fréquent dans certaines régions de l'Océan, en particulier sous les tropiques et dans la mer des Indes. L'apparence lumineuse se montre aux crêtes des vagues, qui, en retombant, éparpillent la lueur en tous sens. Elle s'attache aussi au gouvernail et semble s'échapper des lames coupées par la proue du navire. Elle se joue encore autour des récifs et des rochers battus par les flots. Ce phénomène naturel produit de magiques effets dans les nuits silencieuses des tropiques.

La phosphorescence de la mer est due à la présence d'une multitude de mollusques et de zoophytes qui brillent d'une lumière propre. Ces animaux émettent un fluide tellement susceptible d'expansion, qu'en nageant en zigzag, ils laissent sur l'eau des traînées brillantes qui s'étendent avec rapidité. L'un des plus remarquables de ces animalcules est une espèce de *Pyrosoma*, sorte de poche muqueuse d'un pouce de long, qui, jetée sur le pont d'un navire, émet autant de lueur qu'un fer chauffé à blanc. Sir John Herschel a observé à la surface d'eaux tranquilles une forme très curieuse de cette phosphorescence : c'étaient des polygones à contours rectilignes, de plusieurs pieds carrés de surface, s'illuminant par moments d'une vive lumière qui les parcourait avec rapidité.

La phosphorescence de la mer peut résulter aussi d'une autre cause. Quand les matières animales se putréfient, elles deviennent quelquefois phosphorescentes. Le corps de certains poissons, quand il est en proie à la putréfaction, émet une lueur assez intense. Becquerel et Breschet ont observé de beaux effets de phosphorescence produits par cette cause, dans les eaux du canal de la Brenta, à Venise.

La matière animale en décomposition, provenant de poissons morts et qui surnagent à la surface des étangs, y produit quelquefois de larges taches huileuses qui, s'étalant sur le liquide, lui communiquent, jusqu'à une assez grande étendue, l'aspect phosphorescent.

Quelle qu'en soit d'ailleurs la cause locale, la coloration des eaux se retrouve dans certains fleuves, et a valu à ces cours d'eaux des noms tirés de cette circonstance même. Le Guaïnia, ou Rio-Negro, est d'un brun foncé, qui ne nuit en rien à la limpidité de ses eaux. L'Orénoque et le Cassiquiare ont aussi une couleur brune; le Gange est d'un brun trouble, tandis que la Djumna, qu'il reçoit, est verte ou bleue. La couleur blanchâtre appartient au Rio-Blanco, ou fleuve Blanc, et à une foule d'autres rivières. L'Ohio, en Amérique, le Torjédale, le Goetha et la plupart des rivières norvégiennes, la Traun à Ischl, etc., sont d'un beau vert limpide. Le fleuve Jaune et le fleuve Bleu, en Chine, se distinguent par la teinte caractéristique de leurs eaux. L'Arkansas, le Red River, le Llobregat, en Catalogne, sont remarquables par la couleur rouge qu'ils doivent à l'argile que leurs eaux tiennent en suspension.

L'eau de la mer est essentiellement *salée*, c'est-à-dire qu'elle renferme un grand nombre de sels minéraux et quelques autres composés qui lui donnent un goût désagréable et la rendent impropre aux usages économiques. On y trouve presque toutes les matières solubles qui existent sur le globe, mais principalement le chlorure de sodium, ou sel marin, les sulfates de magnésie, de potasse et de chaux. L'eau de mer contient plus de 3 pour 100 de son poids de matières dissoutes.

Il est une question que le vulgaire s'adresse, sans pouvoir y trouver de réponse satisfaisante, et d'ailleurs bien des savants ne sont pas plus heureux dans cette recherche. D'où provient le sel dissous en si grandes quantités dans l'eau de l'Océan? Quelle est, en d'autres termes, la cause de la salure de la mer?

On s'amuse quelquefois, et à grand tort, à satisfaire par de sottes réponses la curiosité de l'enfance. Né près des bords de la Méditerranée, ayant sans cesse sous les yeux son spectacle admirable, j'avais adressé, tout enfant, cette question à mon entourage. Des personnes prétendues raisonnables trouvèrent plaisant de me dire que la mer était salée parce que des navires se chargeaient d'y jeter régulièrement de grandes pyramides de sel, semblables à celles que l'on voit entassées aux bords de nos salines. Il n'y a aucune irrévérence à dire que les théories que quelques savants ont présentées pour expliquer la salure des mers, ne valent pas mieux que la naïve explication dont on avait berné mon enfance. Pour quelques savants, en effet, le sel s'engendrerait spontanément au sein des mers; pour d'autres, les tributs des fleuves suffiraient à le fournir, etc. Si nos lecteurs veulent bien se reporter aux premières pages de notre livre *la Terre avant le déluge*, ils comprendront la très simple explication géologique que nous allons donner de l'origine des substances diverses dissoutes dans les eaux de la mer.

Aux premiers temps de notre planète, avant que les vapeurs d'eau contenues dans l'atmosphère primitive se fussent condensées et eussent commencé de tomber en pluies bouillantes sur le globe, l'écorce terrestre contenait une variété infinie de matières minérales hétérogènes, les unes solubles dans l'eau, les autres insolubles. Quand les pluies tombèrent pour la première fois sur la brûlante surface de notre globe, ces eaux se chargèrent de toutes les substances solubles; puis elles se réunirent et s'accumulèrent dans les grandes dépressions du sol. Voilà comment prirent naissance les mers du globe primitif, qui ne furent autre chose que les eaux pluviales rassemblées dans un vaste bassin et tenant en dissolution tout ce que la terre, lavée par ces pluies, avait pu leur céder. Le sel marin, les sulfates de soude, de magnésie, de potasse, de chaux, de la silice à l'état de silicate soluble, en un mot toutes les matières solubles que notre globe peut fournir, formaient le contingent minéral de ces eaux. Si l'on réfléchit maintenant que, depuis les temps géologiques jusqu'à nos jours, rien n'a changé dans les lois générales de la nature; si l'on considère que les substances solubles contenues dans les eaux des mers primitives y sont restées parce qu'elles ne sont pas volatiles, et parce que l'eau douce des fleuves remplace constamment l'eau qui disparaît en vapeur du sein des océans, on aura l'explication de la salure de la mer. Théorie fort simple, on le voit, mais que nous n'avons trouvée formulée nulle part, et dont nous réclamons la responsabilité.

Le chlorure de sodium n'est pas, en effet, la seule substance dissoute dans les eaux de la mer. Il y a dans l'eau de la mer, en même temps que le chlorure de sodium, une foule de substances minérales, et la salure de la mer ne doit pas s'entendre du *chlorure de sodium* seul, mais de tous les *sels solubles du globe*. On trouve dans les eaux de la mer, outre les sels, les métaux les plus divers à dose infinitésimale. C'est ce qui doit être nécessairement si l'on considère les substances salines de la mer comme le produit de la lixiviation générale du globe opérée dans les temps géologiques. Si le pédagogue Jacotot a pu dire : « Tout est dans tout, » nous pouvons dire, d'une façon plus concrète : « Tout ce qui est soluble est dans la mer. »

La configuration du fond de la mer nous est encore bien peu connue; mais on peut supposer avec beaucoup de vraisemblance qu'elle ne diffère pas essentiellement de celle des continents. La mer n'est qu'un vaste continent submergé; son bassin doit donc présenter des vallées, des plateaux et de hautes montagnes dont les sommets forment des îles. Si les eaux de la mer venaient à se retirer, on verrait d'abord augmenter le nombre des îles, et leurs contours s'élargir de plus en plus;

puis des langues de terre joindraient ces îles entre elles ; on verrait peu à peu apparaître des continents, dont les parties les plus basses retiendraient sous forme de lacs une partie des eaux. Tout l'hémisphère boréal, avec ses innombrables lacs, aujourd'hui dessalés, produit l'effet d'une terre abandonnée par les eaux, qui se seraient retirées vers le sud. Cette hypothèse est confirmée par l'énorme profondeur des mers australes : c'est dans l'hémisphère sud qu'est accumulée la grande masse des eaux du globe.

Dans le sens de la largeur, le bassin de l'Atlantique est une sorte de fossé, ou vaste sillon, qui sépare l'ancien monde du nouveau.

« Si les eaux se retiraient de cette entaille profonde qui sépare les continents, dit M. Maury dans sa *Géographie physique de la mer*, le squelette de la terre ferme serait en quelque sorte mis à nu, et parmi les lignes tourmentées du fond de la mer on découvrirait peut-être les restes d'innombrables naufrages. Alors apparaîtrait ce terrible mélange d'ossements humains, de débris de toutes sortes, d'ancres pesantes, de perles précieuses, dont l'image fantastique a troublé bien des songes. »

On demande quelquefois à quoi servent les sondages des grandes profondeurs de la mer. A cette question, on pourrait répondre, comme Franklin à propos de la découverte des aérostats : « A quoi peut servir l'enfant qui vient de naître ? » Chaque fait physique est intéressant par lui-même ; il forme un jalon destiné à se réunir tôt ou tard à d'autres, pour nous conduire à quelque vérité utile. L'importance des grands sondages a déjà été justifiée par les indications qu'ils ont fournies pour la pose des câbles sous-marins, et notamment quand on procéda pour la première fois, en 1858, à l'immersion d'un câble transatlantique.

Au fond de l'Atlantique, il existe un plateau remarquable, qui s'étend depuis le cap Race, à Terre-Neuve, jusqu'au cap Clear, en Irlande, sur une distance de 3000 kilomètres et une largeur de 700 kilomètres. Sa profondeur, tout le long de la route, est évaluée, en moyenne, à 3 ou 4 kilomètres. C'est sur ce *plateau télégraphique*, comme on l'a appelé, que le premier grand câble transatlantique fut déposé en 1858. La surface de ce plateau avait été d'avance explorée à différentes reprises, avec la *sonde de Brooke*. On constata ainsi que le fond de la mer s'y compose principalement de coquilles microscopiques calcaires (*Foraminifères*) et d'un petit nombre de coquilles siliceuses (*Diatomacea*). Ces coquilles délicates et fragiles, qui, en couches épaisses, jonchent le fond de la mer, furent ramenées par la sonde dans un état de conservation parfaite, ce qui prouvait que l'eau est remarquablement tranquille à ces profondeurs.

La première exploration du plateau télégraphique fut entreprise, en 1853, par le brick américain *le Dolphin*, qui jeta des sondes de 100 en 100 milles, jusqu'à la côte d'Écosse. Il se dirigea ensuite vers les Açores, au nord desquelles on trouva le fond (calcaire et sable jaune) à 2000 mètres; au sud de Terre-Neuve, on trouva plus de 5000 mètres de profondeur. En 1856 le lieutenant Berryman, du vapeur américain *Arctic*, compléta une ligne de sondages entre Saint-Jean (Terre-Neuve) et Valentia (Irlande), et en 1857 le lieutenant Dayman, du vapeur anglais *le Cyclope*, répéta les mêmes opérations.

C'est à la suite de ces sondages que l'on procéda, en 1858, à l'admirable entreprise consistant à déposer au fond de l'Océan un fil conducteur permettant d'établir entre les deux mondes une communication télégraphique. L'opération fut, on le sait, couronnée d'un succès complet, et maintenant les deux mondes sont reliés l'un à l'autre par plusieurs fils télégraphiques qui permettent d'échanger avec une prodigieuse rapidité des messages à travers l'Océan.

XV

LES MARÉES

Les *marées* sont des mouvements périodiques de la mer provoqués par l'action attractive de la lune et du soleil, action qui s'exerce sur toute la masse de la terre et se manifeste par le mouvement d'intumescence des eaux. La force de la lune est environ triple de celle du soleil, parce que la lune est infiniment plus rapprochée de la terre que l'astre radieux.

Pour donner la théorie des marées, nous considérons d'abord les *marées lunaires*, en laissant de côté l'action du soleil.

L'attraction que la lune exerce sur un point quelconque de la terre est en raison inverse du carré de sa distance. Si l'on tire une ligne droite de la lune passant par le centre de la terre, cette ligne rencontrera la surface des eaux en deux points diamétralement opposés, Z et N; l'un de ces points de la terre aura la lune au *zénith*, l'autre au *nadir*. Les points de la mer qui ont la lune au *zénith*, Z, c'est-à-dire ceux que la lune éclaire perpendiculairement, seront plus rapprochés de cet astre, et par suite plus fortement attirés que le centre du globe; et les points diamétralement opposés, ceux qui ont la lune au *nadir*, N, seront moins rapprochés et moins fortement attirés que le centre du globe. Par conséquent, les eaux situées directement sous la lune devront s'élever vers cet astre et former un renflement à la surface de l'océan; les eaux situées aux antipodes, étant moins fortement attirées vers la lune que le centre du globe, resteront en arrière et formeront ainsi un second promontoire à la surface de la mer. De là une double *marée haute*, sous la lune et dans le point opposé du globe. Sur tout le promontoire intermédiaire, là où les eaux ne sont pas soumises à l'attraction directe de la lune, il y aura *marée basse*. C'est ce que représente la figure 19.

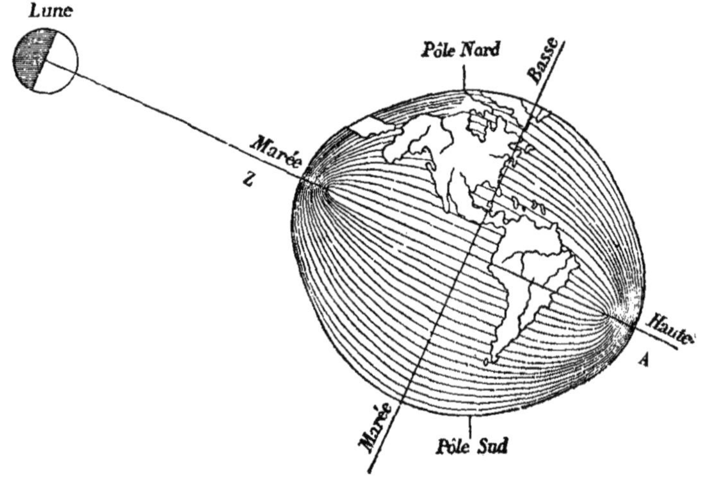

FIG. 19. — MARÉE LUNAIRE.

La terre, dans son mouvement de rotation, présente à la lune, dans l'espace de 24 heures, tous ses méridiens, qui se trouvent conséquemment tour à tour, et dans un intervalle de 6 heures, tantôt sous la lune, tantôt à 90° de cet astre. Il en résulte que dans l'espace d'un jour lunaire, c'est-à-dire dans le temps qui s'écoule entre deux passages consécutifs de la lune par un même méridien, les eaux de la mer s'élèveront deux fois et s'abaisseront deux fois dans tous les lieux de la terre. Mais l'effet de l'attraction ne s'exerce pas instantanément, et la lune s'éloigne du méridien avant que l'élévation des eaux soit complète. Voilà pourquoi le flux n'arrive à son *maximum* qu'environ trois heures après la culmination de la lune. Le sommet de la montagne d'eau soulevée par le flot suit la lune tout autour du globe, de l'orient à l'occident.

Il est clair pourtant que les grandes inégalités du fond de la mer, la présence des continents, et la pente plus ou moins rapide de leurs côtes placées sous l'eau, la différente largeur des canaux et détroits, enfin les vents, les courants pélagiques et une foule d'autres circonstances locales, doivent profondément modifier la régularité de la marche des marées. En outre, la lune n'est pas le seul corps céleste qui agisse sur les eaux de la mer. Nous avons déjà dit que le soleil a aussi sa part dans ce phénomène, bien qu'elle ne soit que les 38 centièmes de celle de notre satellite, à cause de la grande distance du soleil à la terre. L'inégalité qui existe entre les jours solaires et lunaires (ces derniers surpassent les premiers de 54 minutes) est cause que les influences des deux astres s'ajoutent ou se contrarient alternativement. Quand le soleil et la lune sont en *conjonction* (fig. 20) ou en *opposition*, c'est-à-dire placés sur une même ligne droite, leurs attractions sur la mer se combinent et produisent une marée très forte. C'est ce qui arrive aux époques des *syzygies* (de la nouvelle et de la pleine lune). Aux époques des *quadratures* (du premier et du dernier quartier) l'action solaire tend à produire une marée basse là où la lune veut élever les eaux, et réciproquement; le résultat est donc une marée lunaire sensiblement affaiblie.

Tous ces effets ne se produisent pas instantanément, mais les impulsions données continuent d'agir et n'aboutissent qu'un ou deux jours après. La plus grande et la plus petite marée sont entre elles à peu près dans le rapport de 138 à 62, ou de 7 à 3. Les plus fortes marées arrivent aux équinoxes, quand la lune est périgée; les plus faibles aux solstices, quand elle est apogée. Et plus la mer s'élève quand elle est pleine, plus elle descend quand elle devient basse. Dans nos ports, la mer s'avance donc deux fois par jour; on dit alors que la mer est *haute* ou *pleine*, et le phénomène se nomme le *flot* ou le *flux*; elle recule deux fois ou devient *basse* : c'est le *jusant* ou *reflux*.

La marée retarde chaque jour d'environ 50 minutes sur le temps des horloges, parce que le jour lunaire est de 24 heures 50 minutes de temps moyen. Si, par exemple, une marée arrive aujourd'hui à 2 heures du matin, celle de demain aura lieu à 2 heures 50 minutes. La basse mer intermédiaire ne

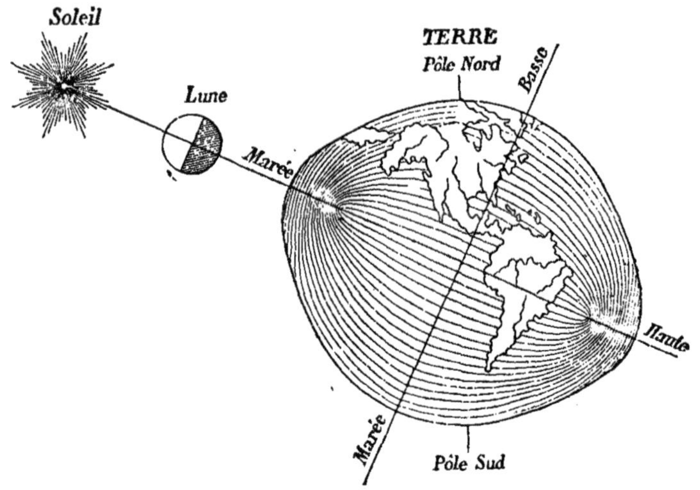

FIG. 20. — MARÉE LUNI-SOLAIRE

tient pas le milieu entre ces deux pleines mers. On a observé que la mer n'emploie pas le même temps à monter et à descendre. Ainsi, au Havre et à Boulogne, elle met 2 heures et 8 minutes de plus à descendre; à Brest, la différence est seulement de 16 minutes.

Le retard de la pleine mer sur le passage de la lune au méridien, à l'époque des équinoxes, est une quantité constante pour une même localité, et qui doit être déterminée par l'observation directe : on l'appelle l'*établissement du port*. Ce nombre permet de calculer l'heure de la pleine mer pour tous les jours de l'année.

On trouve les *établissements des ports* français dans le recueil astronomique et nautique qui porte le nom de *Connaissance des temps*. L'*établissement* de Gibraltar est zéro; celui de Rotterdam, 3 heures; celui de Lorient, 3 heures 32 minutes; de Saint-Malo, 6 heures 10 minutes; de Cherbourg, 7 heures 58 minutes; de Dunkerque, 12 heures 13 minutes, etc. On peut dire aussi que l'*établissement* est l'heure de la pleine mer, les jours de la nouvelle et pleine lune, car alors la lune passe au méridien à midi ou à minuit. On voit que cette quantité change beaucoup d'un port à l'autre.

La hauteur des marées varie dans les différentes régions du globe, selon les circonstances locales. Les côtes orientales de l'Asie et les côtes occidentales de l'Europe sont exposées à des marées extrêmement fortes; tandis que dans les îles de la mer du Sud, où elles sont très régulières, elles ne dépassent guère la hauteur de 50 centimètres. Sur la côte occidentale de l'Amérique du Sud, les marées atteignent rarement 3 mètres; sur la côte occidentale de l'Inde, elles s'élèvent à 6 ou 7, et dans le golfe de Cambaye à plus de 10 mètres. Cette grande différence se fait encore sentir dans les contrées très voisines. Ainsi, une marée qui à Cherbourg atteint 6 ou 7 mètres, monte à 13 mètres au port de Saint-Malo; quand elle s'élève de 9 mètres à l'embouchure du canal de Bristol (à Swansea), elle monte du double à Chepstow, plus avant dans le canal; et en général, la marée monte beaucoup plus haut dans le fond d'un golfe qu'à son entrée.

Nous représentons dans la figure 21 l'effet de la mer pendant une des grandes marées de nos côtes : celle du Havre qui se produit à l'époque des équinoxes.

La plus haute marée que l'on connaisse s'observe dans la baie de Fundy, qui s'ouvre au sud de l'isthme joignant la

FIG. 21. — GRANDE MARÉE D'ÉQUINOXE, AU HAVRE.

Nouvelle-Écosse au Nouveau-Brunswick; la pleine mer y monte à 20 et même 30 mètres, tandis qu'elle n'atteint que 2 mètres et demi dans la baie Verte, au nord du même isthme. On raconte que dans la baie de Fundy un navire fut déposé par le flot, pendant la nuit, sur un rocher assez élevé; si bien qu'à la pointe du jour l'équipage se vit suspendu en l'air, au-dessus de l'eau.

Dans les méditerranées, qui ne communiquent avec l'Océan que par un étroit canal, le phénomène des marées se fait très peu sentir, et voici pour quelle cause : la lune agit en même temps sur toutes les parties de ces mers, et leurs eaux ne sont pas assez abondantes pour venir grossir le promontoire formé par l'attraction de notre satellite; l'intumescence reste donc peu prononcée. Voilà pourquoi la mer Blanche et la mer Noire ne présentent pas de marées, et pourquoi la Méditerranée n'a que des marées insignifiantes. Cependant à Alexandrie on observe des marées d'un demi-mètre; à Venise, elles atteignent quelquefois deux mètres.

Ajoutons que le lac Michigan offre une faible marée lunaire, et rappelons que la propagation des marées dans les embouchures des fleuves produit le phénomène du *mascaret* et de la *barre*.

M. Whewell a dressé des cartes qui indiquent la marche des marées dans les mers du globe. On y voit que la vague du flux parcourt l'Atlantique depuis 50° de latitude sud jusqu'à 50° de latitude nord, en 12 heures, avec une vitesse de plus de 900 kilomètres à l'heure. Mais la vitesse de propagation est moindre dans le point où la mer est peu profonde, comme aux environs de Sainte-Hélène. Dans la mer du Nord, la vitesse n'est plus que de 280 kilomètres par heure. La vague de haute mer qui contourne le nord de l'Écosse, traverse la mer d'Allemagne et se rencontre dans le canal de Saint-Georges, entre l'Angleterre et l'Irlande, avec la vague de la marée suivante. Le conflit de ces deux flots opposés produit des phénomènes d'interférence assez compliqués; il y a même un point où la marée est entièrement annulée.

Les vents exercent une grande influence sur la hauteur des marées. Quand ils s'ajoutent à l'impulsion donnée par l'astre attirant, ils peuvent considérablement accroître l'élévation normale de la pleine mer; s'ils sont contraires, ils peuvent entièrement anéantir le flux. C'est ce qui arrive dans le golfe de Vera-Cruz, où l'on ne voit quelquefois qu'une marée en trois jours lorsque le vent souffle avec violence. On observe à la côte de Van-Diémen un phénomène analogue.

La marée montante frappe parfois sur le rivage d'une manière continue et avec une incroyable force. Ce choc violent s'appelle le *ressac*. La houle forme alors dans la mer des lames pressées, qui s'étendent jusqu'à 1 kilomètre. Le ressac augmente à mesure qu'il avance vers la côte; lorsqu'il atteint une hauteur de 6 ou 7 mètres, il forme une montagne d'eau qui surplombe et s'affaisse en roulant sur elle-même. Mais ce mouvement n'est pas, en réalité, progressif, il ne transporte pas les corps flottants. Le ressac est très-fort à l'île de Fogo (une des îles du Cap-Vert), ainsi que dans l'Inde et à Sumatra, où on l'appelle *surf*. Il rend l'approche des côtes dangereuse et quelquefois impossible.

Les coups de vent s'ajoutant à l'effet précédent font naître à la surface de la mer des ondes ou des flots qui grossissent rapidement, s'élèvent en montagnes écumantes, roulent, bondissent et se brisent l'un contre l'autre.

« Dans un moment, dit Malte-Brun, les flots semblent porter les déesses de la mer, qui viennent s'égayer par des jeux et des danses ; dans l'instant prochain, une tempête fond sur eux et les anime de sa fureur ; ils semblent se gonfler de colère, on croit voir les monstres marins qui se livrent la guerre. Un vent fort, constant et égal, produit dans la mer des *lames* ou de *longues rides* d'eau, qui s'élèvent comme sur le même front, marchent d'un mouvement uniforme, et, l'une après l'autre, viennent se précipiter sur le rivage. Quelquefois les lames, suspendues par un coup de vent ou arrêtées par un courant, forment comme une muraille liquide. Malheur au téméraire navigateur qui s'en approcherait ! »

Les plus hautes vagues connues sont celles qui règnent à l'époque des grandes marées, au large du cap de Bonne-Espérance, sous l'influence d'un fort vent de nord-ouest, qui traverse l'océan Atlantique méridional et pousse l'eau vers le cap. Ces ondes atteignent 12 mètres de hauteur. Une pareille montagne, quand elle est placée entre deux navires, dérobe à chacun de ces navires la vue de l'autre.

Au large du cap Horn, il se forme des vagues de 10 mètres; dans nos mers elles atteignent rarement 3 mètres d'après quelques auteurs ou 6 d'après d'autres.

Une vague née sous l'influence d'un vent violent exerce une pression de 30 000 kilogrammes par mètre carré. Quand la mer est agitée, on a vu les flots s'élancer au-dessus du phare d'Eddystone, à 46 mètres de hauteur, et retomber en cataracte sur son toit. Après l'ouragan de la Barbade, en 1780, on trouva sur la plage de vieux canons que la puissance des vagues avait transportés du fond de la mer sur le rivage.

Si les vagues poussées par le reflux rencontrent des obstacles, il se forme des *tourbillons* et des *gouffres*, l'effroi des navigateurs. Tels sont les tourbillons du détroit de Messine, qui sont placés sur les écueils de Charybde et de Scylla, célèbres dans l'antiquité, et qui ont été chantés par Homère, Ovide et Virgile :

Scylla latus dextrum, lævum irrequieta Charybdis
Infestat : vorat hæc raptas revomitque carinas.
.... *Incidit in Scyllam cupiens vitare Charybdim* [1].

Ces écueils sont moins redoutés aujourd'hui. Il existe à Charybde ou Galofaro un gouffre bouillonnant ; à Scylla, l'eau frappe et s'élance contre la paroi du rocher qui forme l'écueil.

Un autre tourbillon célèbre est celui d'Euripe, près de l'île d'Eubée.

Les *tornados*, que l'on connaît dans les mers de Chine et

1. « Au côté droit est Scylla, et à gauche Charybde, sans cesse agitée; cette dernière engloutit et rejette les vaisseaux qu'elle a brisés... Il tombe dans Scylla celui qui veut éviter Charybde. »

du Japon, et qui sont assez violents pour engloutir des vaisseaux, appartiennent à la même catégorie. On en a observé aussi dans le golfe de Bothnie. Ces tournants submergent les navires et les brisent contre les rochers.

La côte de Norvège est découpée en *fiords*, ou petits golfes, et hérissée d'écueils autour desquels il se forme souvent des tourbillons. Le plus célèbre de ces écueils est le *Malströem*. Les eaux ont en ce point un mouvement giratoire qui change de six en six heures. Ce tourbillon entraîne et engloutit des navires.

C'est à l'effet combiné des marées et des tourbillons qu'il faut attribuer le terrible phénomène du *raz de marée*, si redouté des navigateurs. Par le temps le plus calme, et sans un souffle d'air, on voit quelquefois sur les côtes se propager une série de lames profondes et tourbillonnantes qui semblent pour ainsi dire déraciner les vaisseaux, car elles les saisissent par la quille, les font pirouetter sur leur axe et les renversent.

XVI

LES MERS POLAIRES

On peut dire que les contrées polaires forment une transition entre la mer et les continents, car l'eau s'y présente toujours à l'état solide. Dans ces régions, la surface de l'eau se trouvant, pendant la plus grande partie de l'année, à une température très basse, la neige qui tombe ne fond point, et la mer se couvre ainsi, tantôt d'une nappe continue de glace, tantôt d'énormes glaçons flottants qui vont à la dérive des courants. La rencontre des masses considérables de glaces flottantes qui couvrent ces mers, fait le grand danger de la navigation polaire.

Le baleinier Scoresby a donné une description très détaillée des différentes espèces de glaces qu'on rencontre dans la mer arctique. Scoresby nomme *icefield* ce que nous appelons en français *champ de glace* ou *banquise*. C'est une étendue d'eau solidifiée dont l'œil ne peut apercevoir les limites. On a vu des champs de glace de 35 lieues de longueur sur 10 de largeur, et d'une épaisseur de 15 mètres. Mais ordinairement les *banquises* ne s'élèvent que de 1 ou 2 mètres au-dessus de l'eau, et s'enfoncent à environ 6 mètres au-dessous.

Scoresby a vu des banquises se former en pleine mer. Quand les premiers cristaux de glace apparaissent, la surface de l'Océan ressemble à celle d'une eau assez froide pour empêcher la fusion de la neige qui tombe à sa surface. Aux approches de la congélation, la mer s'apaise tout à coup, comme si elle était recouverte d'huile. Les petits glaçons qui se sont formés se heurtent l'un contre l'autre, s'arrondissent et finissent par se souder ensemble, pour former une vaste plaine de glace, dont l'épaisseur augmente ensuite par la face inférieure.

L'eau provenant de la fonte de la glace est douce. C'est la conséquence d'un phénomène physique bien connu. Lorsqu'une dissolution saline, telle que l'eau de mer, se congèle par le froid, l'eau pure passe seule à l'état solide ; la dissolution saline, plus concentrée, demeure liquide. Il suffit donc de faire fondre un glaçon des mers polaires, bien essuyé et lavé dans l'eau douce, pour se procurer de l'eau propre à la boisson et à tous les usages domestiques.

Le baleinier Scoresby s'amusait quelquefois à tailler des lentilles de glace, avec lesquelles il mettait le feu à la poudre ou au tabac de ses marins, ce qui étonnait beaucoup son équipage, peu familier avec les lois de la physique.

Les banquises qui se forment sous les plus hautes latitudes sont poussées vers le sud par les vents et par les courants ; mais tôt ou tard l'action des vagues les brise et les morcelle. Les bords des glaçons fracturés se relèvent souvent et se soudent de nouveau ; il résulte de cet assemblage des aspérités ou protubérances que les marins anglais appellent *hummocks* et qui donnent aux glaces polaires un aspect bizarre et irrégulier. Les *hummocks* se forment lorsque les épaves des banquises brisées viennent à se toucher par leurs bords, et ils forment alors de vastes radeaux dont les pièces ont parfois 100 mètres de long.

Quand les glaces laissent entre elles un espace libre dans lequel peut passer un vaisseau, on dit que la *glace est ouverte.* Mais souvent on rencontre encore dans cet espace libre des montagnes de glace en partie submergées, dont un bord est retenu sous la masse principale, tandis que l'autre bord domine au-dessus de l'eau. Scoresby a passé une fois au-dessus d'un *calf* (c'est ainsi que les marins anglais nomment ces éminences de glaces) ; mais il tremblait à l'idée de le voir, en se relevant jeter en l'air son vaisseau.

L'aspect des *champs glacés* varie de mille manières. Ici c'est un chaos incohérent, semblable à une terre volcanique déchirée de crevasses dans tous les sens et hérissée de blocs informes, entassés au hasard. Là c'est une plaine accidentée, mosaïque immense qui se compose de tables de glace de tout âge et de toute épaisseur, dont les divisions sont marquées par de longues crêtes, aux formes les plus irrégulières, ressemblant tantôt à des murailles de blocs rectangulaires empilés par assises, tantôt à des chaînes de collines arrondies.

Au printemps, quand le dégel arrive et que la débâcle commence, les pièces de glace légère qui soudaient les gros blocs et en formaient une masse unique, se fondent les premières; les glaçons se séparent alors, et le mouvement des eaux les disperse en peu de temps, de sorte que les vaisseaux trouvent tout à coup le passage libre. Cependant un jour de calme suffit quelquefois pour rapprocher de nouveau ces tronçons flottants, qui oscillent et se heurtent l'un contre l'autre avec des grincements sinistres, avec des bruits étranges que les marins comparent aux jappements de jeunes chiens.

Quand un navire se trouve emprisonné au milieu d'un champ de glaces flottantes, on observe quelquefois d'inexplicables changements dans ces vastes agrégations incohérentes. Des vaisseaux qui se croyaient immobiles, se sont trouvés avoir fait en quelques heures un tour complet sur eux-mêmes. Deux navires, enfermés à peu de distance l'un de l'autre, s'éloignèrent de plusieurs lieues sans qu'on pût apercevoir un mouvement dans les glaces qui les entouraient. D'autres fois les navires sont entraînés avec les glaces flottantes, tout comme les ours blancs, qui font de longs voyages de mer sur ces monstrueux véhicules. En 1777, le vaisseau hollandais *la Wilhelmine* fut emporté, avec neuf autres navires baleiniers, depuis le 80ᵉ de latitude nord jusqu'au 62ᵉ degré, en vue de la côte

FIG 22. — NAVIRES PRIS DANS LES GLACES DES MERS ARCTIQUES.

d'Islande. Pendant ce terrible trajet, les vaisseaux furent écrasés l'un après l'autre; plus de 200 personnes périrent, le reste put gagner la terre ferme.

Le lieutenant de Haven, naviguant à la recherche de sir John Franklin, fut pris dans les glaces, au milieu du chenal, dans le détroit de Wellington. Pendant neuf mois qu'il y resta en captivité, il dériva de près de 2000 kilomètres vers le sud. Le navire *le Resolute*, que le capitaine Kellet dut abandonner dans une banquise d'une étendue immense, fut entraîné vers le sud, avec cette masse énorme en dérive, aussi loin que le lieutenant de Haven.

On a vu dans le détroit de Davis des montagnes de glace qui avaient trois kilomètres de longueur sur un demi-kilomètre de largeur, et dont le sommet s'élevait à plus de 50 mètres au-dessus de l'eau : d'où il suit qu'elles enfonçaient de plus de 200 mètres, car la proportion entre la partie libre et la partie submergée est comme 1 à 4.

Ces géants de glace, corrodés et rongés sans cesse par les flots qui les baignent, offrent les formes les plus variées et les plus bizarres. Tantôt on croirait voir une *île flottante* avec ses baies et ses promontoires; tantôt un mur taillé à pic, surmonté de tours crénelées qui se penchent sur l'abîme et menacent d'écraser le téméraire qui oserait s'en rapprocher; tantôt, enfin, ce sont des pyramides élancées, des cônes arrondis, des plateaux unis et circulaires.

On peut aisément juger de l'âge des colosses d'après le degré d'érosion et de dégradation qu'ils ont déjà subi. Détachés ou *lancés* depuis peu de temps, ils offrent l'aspect d'immenses plateaux tabulaires dont les flancs renferment encore des débris de blocs erratiques arrachés au glacier du rivage; d'autres fosi, ils sont fortement penchés et présentent une pente plus ou moins douce, que l'on peut gravir pour en visiter le sommet. Avec le temps les eaux creusent, à leur base, des excavations profondes et des cannelures horizontales, qui marquent les lignes de flottaison successives de ces masses en décomposition.

Puis, à mesure que la dégradation augmente, on voit naître des colonnes, des ponts naturels, des pointes hérissées, des stalactites et des stalagmites, des trous béants, qui percent la masse de part en part, et mille autres formes bizarres qui donnent à ces édifices flottants l'aspect le plus pittoresque, surtout lorsqu'ils sont enveloppés de la lumière pourprée du soleil qui rase l'horizon. Usés de plus en plus par l'action de l'eau et de l'atmosphère, ils nagent vers le nord où les entraînent les courants, quelquefois même contre le vent. Quand ils arrivent au sud du Groenland, les eaux chaudes du gulf-stream achèvent de les désagréger.

On rencontre quelquefois ces îles de glace groupées par milliers. Cet ensemble de blocs produit l'effet d'une ville de géants qu'aurait emportée une catastrophe géologique et qui voyagerait au caprice des éléments déchaînés. Les mille reflets de la lumière se jouent sur ces palais de cristal et d'argent. Quand le cri d'un homme retentit dans cette lugubre solitude, mille échos le répercutent de tous côtés : on croirait que des esprits invisibles viennent répondre à celui qui ose troubler leur silence.

Toutefois rien n'est dangereux pour les navigateurs comme ces champs de glaces resplendissantes.

« Il faut, dit Malte-Brun, avoir un cœur d'airain pour oser s'enfoncer dans ces mers inhospitalières; car si le navigateur n'y a point à craindre les tempêtes, il court d'autres dangers bien plus capables d'effrayer les esprits les plus téméraires. Tantôt des glaçons énormes, agités par les vents et par les courants de mer, viennent se heurter contre son frêle navire : point de rocher ou d'écueil si dangereux ni si difficile à éviter; tantôt ces montagnes flottantes entourent perfidement le voyageur et lui ferment toute issue : son vaisseau s'arrête, se fixe; en vain la hache impuissante cherche à briser ces masses énormes, en vain les voiles appellent les vents : le bâtiment est comme soudé dans la glace, et le navigateur, séparé du monde des vivants, reste seul avec le néant. »

Quand l'*ice-master* ou *pilote des glaces* signale une banquise arrivant des profondeurs du nord, le vaisseau doit fuir à toute vapeur, pour éviter une destruction certaine. La rapidité du mouvement de ces masses colossales est, en effet, prodigieuse. On les voit quelquefois tourner sur elles-mêmes avec une vitesse de plusieurs kilomètres à l'heure.

Le choc de deux champs de glace se ruant l'un contre l'autre surpasse tout ce que l'imagination peut concevoir et pourrait inventer. Qu'on se représente l'effet d'une masse de dix-huit millions de tonnes brusquement arrêtée dans sa course! Si deux masses semblables se rencontrent avec des vitesses égales et un mouvement contraire, que peut devenir un frêle navire pris dans ce formidable étau! Aussi chaque année voit-elle, dans les mers circumpolaires, se multiplier les sinistres, et les vaisseaux disparaître par douzaines.

« J'ai vu un navire, dit Scoresby, qui, écrasé entre deux murs de glace, fut anéanti instantanément dans leur choc formidable. Seule, la pointe du grand mât resta debout au-dessus de ce tombeau flottant, comme un funèbre signal. Un autre se dressa sur sa poupe comme un cheval cabré. Deux autres beaux trois-mâts ont été, sous mes yeux, percés d'outre en outre par des glaçons aigus de plus de 100 pieds de long. »

Dans la baie de Melville, plus de deux cents navires ont déjà péri de cette manière.

Les montagnes de glace sont souvent presque immobiles. Elles forment alors pour les vaisseaux un point d'appui, si les vents sont violents ou contraires, ou si l'on cherche un abri contre les glaçons qui dérivent dans un pêle-mêle tumultueux. Il est dangereux, toutefois, de s'amarrer au-dessous de montagnes de glace très élevées, car souvent leur équilibre est si peu stable, que le plus léger choc les fait basculer. Si elles viennent à rencontrer un obstacle en flottant le long de la mer, elles se brisent, comme un gigantesque obus, en blocs de dimensions formidables, qui écrasent tout par leurs éclats.

La glace dont la surface a été entamée par le dégel devient fragile et cassante : on a vu des montagnes de glace se fendre du haut jusqu'en bas, pour avoir été seulement frappées à leur base d'un coup de hache, par un matelot occupé, dans une chaloupe, à y fixer une ancre. La crevasse engloutit le malheureux, et les débris, projetés en tous sens, submergèrent l'embarcation. Dans le voyage exécuté en 1856, dans le nord de l'Europe, par le prince Napoléon, on s'amusait à faire éclater des montagnes de glace par le choc d'un boulet de canon.

La neige qui s'amasse sur ces îles flottantes fond au printemps, et elle forme, dans les creux, des masses d'eau douce, qui sont d'un grand secours pour les pêcheurs de baleines.

Les vents des mers arctiques sont remarquables par leur inconstance. La force de ces vents diminue beaucoup lorsqu'ils passent sur un champ de glace; quelquefois même la glace semble repousser le vent et le faire tourner en sens contraire. Les brises chaudes du sud se refroidissent en passant au-dessus des glaces et abandonnent leur humidité, sous forme de neige. Les nuages ne peuvent pas se former dans ces froides contrées; les vapeurs atmosphériques s'y condensent en neige sans autre intermédiaire.

Les tourmentes de neige sont terribles pour les marins qui sont forcés de traverser la glace à pied, ou dans des traîneaux attelés de chiens esquimaux. D'épais tourbillons fouettent le visage du malheureux voyageur, pénètrent dans sa bouche et dans ses narines, soudent ses paupières et l'aveuglent momentanément. La bise bleuit sa peau et lui cingle le visage, comme feraient les lanières du knout. Dans ces parages, la température descend parfois à plus de 50° au-dessous de zéro, et elle ne s'élève jamais à plus de 10° au-dessus. L'éclat de la blanche enveloppe de glace qui couvre partout le sol est tel, dans les régions polaires, que l'on est forcé de porter des lunettes bleues ou des masques en fil de fer, lorsqu'on veut traverser ces plaines de glaces éternelles.

Une illusion d'optique très fréquente dans les parages polaires, fait paraître les objets plus grands qu'ils ne sont en réalité. Un renard prend les proportions d'un ours; des bancs de glace peu élevés semblent de hautes montagnes. On croit voir à l'horizon des terres dont on n'approche jamais. Les distances des objets réels semblent diminuées, tout comme dans le désert : on marche, on marche, et l'on n'arrive pas.

Une autre source d'erreur, c'est le mirage, qui fait paraître suspendue en l'air l'image d'objets éloignés, et donne ainsi lieu aux scènes les plus étranges. Scoresby aperçut un jour dans le ciel l'image renversée d'un vaisseau, et dans ce vaisseau il reconnut le *Fame*, commandé par son père, qui venait de mouiller dans une anse à dix lieues du point où il se trouvait lui-même en ce moment : c'était en effet du mirage.

En approchant d'un champ de neige ou de glace, on aperçoit toujours une bande d'un blanc éblouissant au-dessus de l'horizon : c'est ce qu'on nomme l'*ice-blinck*. Ce phénomène fait connaître d'avance, non seulement la forme, mais encore la nature de la glace dont on approche.

Ce qui distingue le plus les régions polaires des autres contrées de la terre, c'est leur long jour et leur longue nuit. Décrivant une spirale autour de l'horizon, le soleil monte peu à peu jusqu'au plus haut point de sa course, à une trentaine de degrés seulement; puis il revient de la même manière vers l'horizon, et fait ses adieux à la terre, s'éteignant peu à peu dans un morne crépuscule. Alors, pendant près de six mois, le soleil reste invisible.

« Lorsqu'on se voit pour la première fois enseveli dans les ténèbres silencieuses de la nuit polaire, dit le capitaine Parry, on ne peut se défendre d'un involontaire effroi : on se croit transporté hors du domaine de la vie. Ces mornes et sombres déserts paraissent comme ces espaces incréés que Milton a placés entre l'empire de la vie et celui de la mort. »

Les animaux mêmes sont affectés par la tristesse qui règne alors dans la nature. Sous l'influence de ces constantes ténèbres, les chiens de Terre-Neuve du docteur Kane devinrent fous et moururent.

Si le soleil prive pendant six mois de l'éclat de ses feux les contrées circumpolaires, un imposant phénomène illumine fréquemment leurs longues nuits de splendides lueurs, comme si

FIG. 23. — UNE AURORE BORÉALE DANS LA MER POLAIRE.

la nature voulait les dédommager de l'absence de l'astre du jour par le plus saisissant des phénomènes optiques. Les nuits polaires sont presque toujours éclairées par les feux resplendissants des *aurores*, dites *boréales* ou *australes*, selon le pôle auquel elles se produisent. Voici à peu près la gradation de ce phénomène. Le ciel commence par se rembrunir. Il s'y forme bientôt un segment nébuleux, bordé d'un arc plus large, d'une blancheur éclatante, et qui semble agité par une sorte d'effervescence. De cet arc s'élancent des rayons et des colonnes de lumière qui montent jusqu'au zénith. Ces gerbes lumineuses passent par toutes les couleurs du prisme, du violet et du bleu bleuâtre jusqu'au vert et au rouge purpurin. Tantôt les colonnes de lumière sortent de l'arc brillant, mélangées de rayons noirâtres; tantôt elles s'élèvent simultanément en différents points de l'horizon et se réunissent en une mer de flammes agitée par de rapides ondulations. D'autres fois ce sont des étendards flamboyants qui se déroulent et flottent dans l'air. C'est ce dernier aspect que représente la figure 23.

Une sorte de dais, formé d'une lumière douce et paisible, que l'on appelle la *couronne*, annonce la fin du phénomène. Alors les rayons lumineux commencent à perdre de leur éclat, les arcs colorés se dissolvent, s'éteignent, et bientôt on ne voit plus qu'un faible nuage blanchâtre dans les points du ciel où se jouaient les mille feux brillamment colorés de l'aurore polaire.

Dans les régions du pôle, la durée du jour est d'environ six mois. Pendant ce long intervalle, le soleil ne cesse pas d'apparaître; il est seulement un peu plus bas à minuit qu'à midi.

Les longs jours agissent comme les longues nuits sur certains animaux. Lord Dufferin, dans ses *Lettres écrites des régions polaires*, raconte qu'à mesure qu'il avancait vers le nord et que les nuits devenaient plus courtes, un coq qu'il avait emporté se montrait de plus en plus désorienté : il ne dormait pas cinq minutes sans s'éveiller dans un état d'agitation nerveuse, comme s'il eût craint de laisser passer le point du jour et l'heure de son chant. Quand la nuit eut enfin complètement cessé de se produire, la constitution du pauvre animal fut ébranlée sans retour. Il fit entendre une ou deux fois une voix insolite, et tomba dans un étrange malaise. Enfin, en proie au délire, il se mit à caqueter tout bas, comme s'il rêvait de grasses basses-cours et de jeunes compagnes; puis il s'élança tout à coup par-dessus le bord, et trouva la mort dans les flots.

Quand le soleil ou la lune sont visibles dans les régions polaires, ils paraissent très souvent entourés de *halos*, ou accompagnés de *parhélies*, d'*anthélies*, etc. Quelquefois plusieurs de ces météores se montrent à la fois, comme s'il y avait fête au ciel.

Telles sont les merveilles des mers polaires.

XVII

BEAUTÉS DE LA VÉGÉTATION TERRESTRE

Nous avons supposé, dans les pages qu'on vient de lire, que la terre était privée de son ornement naturel : nous avons fait abstraction de la verdoyante parure qui l'embellit. Mais que serait notre globe sans les plantes qui le décorent? Un aride désert, une solitude immense, asile du silence et de la mort.

Les plantes sont à la fois l'ornement de la terre et le moyen d'existence des animaux qui la peuplent. Et cet ornement la nature sait le diversifier de la manière la plus merveilleuse; si bien qu'aucune partie du globe, à peu d'exceptions près, ne saurait en être privée.

La végétation change de caractère et d'aspect selon la situation des lieux sur le globe, leur élévation et la composition du sol.

Dans notre zone tempérée, le doux ombrage des forêts nous offre de paisibles retraites, tandis que les plaines se couvrent du riche tribut des pâturages et des moissons.

Aux approches du pôle, si l'on n'aperçoit que des arbrisseaux rabougris, le sol, durci par les frimas, se recouvre encore de la courte végétation des Lichens et des Mousses.

Dans les parages tropicaux, contrées aimées du soleil, les Palmiers dressent dans les airs leur stipe svelte et leur couronne empanachée, comme pour s'isoler de la terre brûlante où plongent leurs racines.

Les montagnes de tous pays se couvrent d'une végétation spéciale, verdure immuable, comme les neiges qui les couronnent. Sur leurs flancs s'échelonnent les Sapins, les Mélèzes ou les Cèdres, dont les silhouettes, nettement découpées, se détachent sur le fond du ciel, tandis que les herbes toniques chargent les airs de leurs parfums. Sur ces mêmes montagnes, les forêts qui doivent alimenter les foyers de l'hiver se mêlent aux pâturages qui nourrissent le bétail.

Au bord des mers croît une végétation particulière, qui emprunte ses caractères et son aspect au sol sablonneux des rivages.

L'inégale distribution de la chaleur et de l'humidité fait naître une végétation qui dépend de ces conditions extérieures. Sous l'ombrage et la fraîcheur, rampe la tribu, infiniment variée, des Cryptogames : les Mousses, les Champignons, les Fougères. Sous l'ardeur d'un climat tout à la fois humide et brûlant, croît et se développe le groupe précieux des Palmiers, des Bananiers, des Lataniers, présents inestimables de la nature, source de richesse et de bonheur pour les habitants des régions tropicales.

Ailleurs, sous les brûlantes latitudes de l'Afrique, ou dans les contrées équatoriales du Nouveau Monde, de magnifiques et robustes Cactus font admirer leurs formes étranges dans les lieux découverts; tandis que dans les forêts vierges une masse serrée de végétaux de tout ordre s'entrelace en formant un impénétrable réseau.

Au fond des mers, des Algues aux mille couleurs cachent sous les vagues mobiles leurs rubans onduleux et l'enchevêtrement de leur délicat feuillage.

Dans les fleuves et les rivières vit une autre population d'herbages, qui se dérobe à nos yeux, tandis que des nappes de verdure, les *Nymphea*, les *Lemna*, les *Victoria regia*, s'étalent mollement à la surface des eaux.

Voilà un tableau fort abrégé des spectacles divers que la végétation étale à nos regards.

C'est peut-être un élan de reconnaissance pour l'auteur de tant de merveilles qui fait naître en nos âmes l'involontaire et puissante sympathie que les plantes nous inspirent. Personne, en effet, ne saurait rester indifférent à l'aspect des tableaux que la végétation étale à nos yeux. Une plante, une fleur détachée de sa tige, suffisent pour remuer notre cœur, pour nous rappeler le sol natal, les joies évanouies ou les affections perdues. Nous comprenons le transport de sentiments qui fait que le sauvage arraché des bords de l'Orénoque embrasse en pleurant l'arbre de son pays qu'il retrouve sur un sol étranger et les larmes qui coulaient des yeux de J.-J. Rousseau à la seule vue d'une Pervenche.

Par suite de cette sympathie naturelle, l'homme a toujours demandé aux plantes les symboles divers de ses sentiments et de ses affections. Chez tous les peuples, des tresses de feuillage couronnent le front du vainqueur, ou récompensent la vertu. De frais bouquets, des guirlandes gracieuses, président aux fêtes qui marquent les époques heureuses de notre vie. Des fleurs ont orné notre berceau et elles couvriront notre tombe. Des guirlandes de feuilles et de fleurs ont embelli nos fêtes, de noirs Cyprès ombrageront notre pernier asile.

Il ne faut donc pas être surpris que l'étude des plantes soit aussi ancienne que la civilisation. Les livres sacrés nous parlent d'une foule de plantes qui étaient cultivées ou révérées par les premiers hommes. Les anciens poètes en ont tracé de gracieux tableaux; Homère les a chantées sur la lyre. Combien d'autres ont célébré dans leurs vers le plaisir des champs, le charme des ombrages et les vertus des plantes! Hésiode, Théocrite, Lucrèce, Virgile, Horace, Ovide, Tibulle, Claudien, les ont décrites tour à tour. Dans la littérature moderne, les plantes ont bien souvent inspiré le génie des poètes, qui se sont plu à en tracer les séduisantes peintures. Citons en exemple le Tasse, l'Arioste, Métastase, Darwin, Pope, Thomson, Gessner, Rapin, Saint-Lambert, Parny, Delille, Roucher, Castel, J.-J. Rousseau, Bernardin de Saint-Pierre, et de nos jours Victor Hugo et Lamartine.

Les plantes fournissent à tous les âges de la vie des distractions agréables ou des enseignements utiles.

L'enfance aime les fleurs; elle se plaît à les rechercher. Les fleurs font dans le jeune âge le charme des promenades champêtres; elles éveillent nos premières sensations. Nous saluons celles qui se rencontrent sous nos premiers pas, car notre cœur nous dit qu'elles ne sauraient nous être indifférentes.

Ce goût, naturel à la tendresse de l'enfance, ne s'affaiblit point dans la jeunesse. La simple culture d'un jardin procure au jeune homme des plaisirs sans cesse renaissants ; c'est un fertile enseignement pour son esprit et son cœur. La jeune fille se plaît à retracer de son pinceau les formes capricieuses des fleurs, à imiter l'éclat brillant de leur coloris.

Ces pures et délicates jouissances ne s'évanouissent pas avec l'âge mûr, comme les amusements stériles de la jeunesse : elles prennent une direction plus sérieuse. Pour peu que nous ayons porté notre attention sur le spectacle de la nature, ces productions que nous avons considérées dans le jeune âge, isolément et sans but particulier, nous offrent plus tard un intérêt que nous n'avions pas soupçonné. La végétation, prise dans son ensemble, revêt alors à nos yeux un caractère tout particulier de grandeur qui nous étonne. Nous apprenons à considérer les plantes dans leur généralité. Leurs harmonies naturelles, leurs rapports avec le reste des êtres vivants, leur commune origine, tout nous conduit à l'idée d'un Dieu créateur. En contemplant les secrets et merveilleux ressorts qui régissent le mouvement et la vie, en admirant ces organes multiples au moyen desquels s'accomplissent les fonctions végétales, nous élevons nos cœurs vers l'auteur de la nature.

De cette simple admiration des plantes au désir de les étudier avec quelque attention, il n'y a qu'un pas, et il est aisé à franchir. Ces êtres aimés et charmants sont à nos pieds; nous n'avons qu'à nous baisser pour les recueillir. Tout nous invite à leur étude, et cette étude n'est environnée d'aucune difficulté particulière; elle ne demande aucune préparation préalable. Quelques promenades dans les champs et dans les jardins, les plaisirs imprévus de l'herborisation, voilà les moyens qui suffisent pour arriver à la connaissance des plantes, si on leur ajoute la lecture de quelque ouvrage élémentaire de botanique.

Nous n'apprendrons rien à nos lecteurs en rappelant dans combien de circonstances la connaissance des plantes peut rendre des services. Celui qui habite la campagne et qui ne connaît pas les plantes qu'il foule sous ses pieds, celui qui vit au milieu des richesses de la nature sans en comprendre le sens et l'utilité, est comme un étranger qui serait transporté dans un pays plein de charmes, mais dont il ignorerait la langue et les coutumes.

La nature n'a pas seulement accordé aux plantes l'élégance et la beauté; elle leur a aussi donné en partage la puissance de calmer nos maux et d'adoucir nos souffrances physiques. L'illustre médecin anglais Sydenham appelle avec raison, le Pavot, qui nous fournit l'opium, un présent de Dieu. Or l'étude de la botanique permet à chacun de connaître les propriétés des plantes, et de chercher des *succédanés* aux herbes médicinales.

Dire que la botanique est indispensable à l'agriculteur, c'est énoncer une vérité qui n'a pas besoin de commentaire. Le cultivateur, le propriétaire, le métayer, dirigent leurs exploitations avec d'autant plus de succès qu'ils ont une connaissance plus approfondie des plantes et de la meilleure manière de tirer parti des productions du sol.

Cette remarque conserve la même évidence si on l'applique à l'horticulteur ou au simple amateur de jardins. Quand on considère le grand nombre de nouvelles plantes d'ornement dont la science moderne a enrichi l'horticulture, ces Rhododendrons aux nuances éclatantes, empruntés aux sommités alpestres, ces Begonias aux feuilles veloutées, ces Orchidées aux formes étranges et ravissantes, ces magnifiques Azalées, et cent autres espèces, on ne peut mettre en doute les services immenses que la botanique a rendus à l'art des jardins. Celui qui n'aurait vu que les plantes d'agrément cultivées en France il y a trente ans, aurait peine à se reconnaître dans les fleurs admirables qui de nos jours décorent les jardins.

XVIII

LES FLEURS

La douce impression que la seule vue des fleurs exerce sur notre âme est un sentiment si naturel, qu'aucun homme ne saurait s'y soustraire. La vue d'un brillant parterre, l'aspect d'une prairie émaillée de fleurs, éveillent en nous les plus agréables sensations. C'est que la fleur ne peut être comparée à aucun des autres êtres de la nature. Rien ne saurait en donner l'idée, car elle sert elle-même de comparaison et de modèle à tout ce qui se distingue par la beauté des formes, par l'élégance et la grâce. La nature prodigue ses trésors, ses décorations les plus brillantes aux organes qui ont reçu la plus haute mission, c'est-à-dire le soin de la reproduction de l'espèce. Couleurs éclatantes et richement nuancées, suaves parfums, contours élégants, tissu délicat, port gracieux, sont prodigués aux fleurs les plus communes ; de sorte que l'époque de la floraison, c'est-à-dire de la reproduction de l'espèce, est aussi pour les plantes le temps des parures éclatantes et le moment le plus brillant de leur vie.

A la diversité et à l'élégance des formes les fleurs joignent encore un précieux attribut, qui les met au-dessus de toute autre production végétale. Outre ces dons précieux de la forme, la nature leur a donné en partage la douceur du parfum. Quelles délicieuses émanations s'exhalent de nos parterres ! Les grappes des *Lilas* embaument les allées. Autour d'un *Arbre de Judée*, aux fleurs élégantes, le *Chèvrefeuille* enroule ses tiges volubiles, et laisse exhaler son doux arome. Le *Jasmin* coquet, qui tapisse les murs et les treillages, dissémine dans l'air son parfum pénétrant. Des *Rosiers* embaument l'atmosphère. Des *Héliotropes*, des *Tubéreuses*, le *Réséda* et les diverses *Labiées*, y joignent leurs aromes. Une foule d'autres fleurs aux parfums moins pénétrants unissent et confondent leurs senteurs variées et chargent l'air de nos parterres de leurs enivrantes odeurs.

Il ne faut donc pas être surpris que l'on ait éprouvé de tout temps la plus sympathique attraction pour ces gracieux ornements de nos parterres, de nos champs et de nos bois. L'art leur emprunte ses plus séduisants modèles. Les harmonieuses dispositions de la corolle régulière des fleurs, les formes bizarres, mais toujours élégantes, des corolles irrégulières, servent encore de guide aux dessinateurs d'ornement. Les fleurs ont toujours été le symbole du bonheur et de la joie. Ornement inséparable des festins chez les anciens peuples, elles servent, de nos jours, d'accessoire à nos fêtes, et se montrent avec avantage sur la table de nos repas. Dans les plaisirs champêtres, les guirlandes de fleurs sont le décor obligé. C'est par des bouquets que l'on célèbre et consacre les touchants anniversaires du cœur. La fleur d'*Oranger* couronne le front de la jeune épouse; et cette parure naturelle ne pâlit jamais auprès des plus magnifiques atours. Dans ses célébrations solennelles, la religion prodigue sur ses autels et ses tabernacles les modestes tributs de nos champs. Elle décore ses autels de bouquets, de rameaux fleuris; elle jonche de fleurs le passage de ses processions pieuses. La fleur qui a symbolisé les grandes périodes de la vie humaine, symbolise également sa fin, et la triste *Immortelle* préside à nos cérémonies funèbres. Ainsi, la naissance et la mort empruntent à la fleur leurs symboles attendrissants ou funestes.

Nos goûts et nos affections ont, en effet, de quoi se contenter largement dans la variété prodigieuse, dans la diversité infinie des fleurs qui naissent sous nos pas. La terre est comme un vaste jardin où s'étendent tour à tour les plus riantes perspectives du royaume des plantes. Aucune partie du globe n'est privée de cette décoration naturelle. Les fleurs poussent sur l'humble gazon des prairies, comme à la cime des plus hauts arbres. Elles décorent les montagnes et embellissent les vallées; elles émaillent nos champs et viennent égayer les sombres retraites des bois.

La nature, avec ses inépuisables ressources, varie de mille manières la parure des fleurs, tant pour l'harmonieuse distribution des couleurs, que pour le port et la figure. Parmi les fleurs de nos parterres, les unes ont un air de noblesse et de majesté; les autres, moins fastueuses, se distinguent par la régularité de leurs formes. Le *Lis* superbe dresse avec orgueil son majestueux calice, tandis que la modeste *Pervenche* nous charme par sa simplicité. Si de riches couleurs s'étalent sur les corolles d'une foule de plantes, d'autres, avec un aspect plus simple, attirent encore et charment nos regards; et cette diversité infinie dans l'aspect des fleurs est la plus douce jouissance pour celui qui sait comprendre les grâces de la nature.

Cette variété singulière que nous admirons dans les fleurs, nous pouvons en jouir d'autant mieux qu'elles ne se produisent pas à nos yeux en un même moment. Chaque fleur paraît à une époque déterminée. Ces décorations champêtres se succèdent et se remplacent dans un ordre invariable. Cette fête de la nature a ses périodes réglées.

C'est dans la froide saison, avant que les arbres se hasardent à développer leurs boutons, que le *Perce-neige* annonce le réveil de la nature endormie. Vient ensuite la timide fleur du *Safran*, la gracieuse *Primevère* et l'aimable *Violette*, qui éclosent avec les premières feuilles des bois. Les blanches corolles des Rosacées s'étalent au premier soleil du printemps : elles sont l'avant-garde de l'armée brillante des fleurs qui, aux jours de mai, vont envahir la campagne. C'est alors que chaque mois nous fait admirer une nouvelle merveille végétale. Une fleur est à peine flétrie qu'une autre se développe pour la remplacer. La brillante *Anémone* arrondit son disque élégant, et bientôt la *Tulipe* étale avec orgueil son admirable corolle, sur laquelle la nature semble avoir épuisé les ressources de son incomparable pinceau. Le *Rhododendron* développe ses luxuriants rameaux, tout couverts de fleurs, aux nuances tendres et variées; la *Renoncule* nous charme par la régularité de ses contours et l'harmonie de ses couleurs; le *Lilas* décore nos clôtures de ses odorants panaches; le *Narcisse*, le *Muguet*, l'*Impériale*, l'*Iris*, embellissent nos jardins. Tandis que les arbres fruitiers mêlent à la verdure naissante les plus tendres couleurs, le *Rosier* se couvre de feuilles, et la reine des fleurs ne tardera pas à venir réclamer les privilèges de son rang.

Aux jours d'été, la fête est dans tout son éclat : c'est le feu d'artifice de la floraison. Les *Lis*, les *Chèvrefeuilles*, les *Glaïeuls*, les *Pavots*, les *Fuchsias*, l'*Œillet*, l'*Hortensia*, etc., étalent à nos yeux les grâces qui les distinguent.

Ces enchantements continuent avec l'automne. C'est alors que l'orgueilleux *Dahlia*, les superbes *Hélianthes*, les jolis *Asters*, la *Reine-marguerite*, la *Balsamine*, l'*Amarante*, les *Verveines*, les *Roses trémières*, le *Colchique*, l'*Œillet d'Inde* et cent autres espèces, viennent nous consoler de la fin des beaux jours, jusqu'à ce que l'hiver jette son froid manteau sur la campagne attristée, et suspende pour nous cette fête de la nature.

Dans les considérations qui précèdent, nous avons pris le mot de *fleur* dans un sens trop indéterminé. En poussant plus loin ces généralités, nous courrions le risque de commettre des inexactitudes, de tomber dans l'erreur banale des gens du monde au sujet de la désignation des fleurs. Séduit par le brillant éclat des couleurs qui ornent la corolle, le vulgaire n'applique le nom de *fleur* qu'à cette corolle même; il ne voit la fleur que dans cette enveloppe éclatante de beauté. Lorsqu'une plante est privée de corolle, il s'imagine qu'elle est privée de fleur. Rien n'est plus faux que cette idée, nous n'avons pas besoin de le dire. Sauf une classe spéciale de végétaux, dont la reproduction se fait par des organes d'une autre structure, toute plante a ses fleurs, plus ou moins appréciables, puisque la fleur est l'instrument de la reproduction de l'individu. Seulement, de tous les éléments qui entrent dans la composition de la fleur, des diverses enveloppes qui la forment, plusieurs peuvent manquer, et la science permet de bien préciser dans tous les cas l'individualité de la fleur. Toutefois, l'erreur si familière aux gens du monde au sujet de la fleur nous avertit de la nécessité de bien fixer sur ce point les idées du lecteur. Examinons, en conséquence, avec attention, cet organe, indispensable à la multiplication des plantes.

Et d'abord, quelle définition faut-il donner de la fleur, pour prétendre à une véritable exactitude et rester dans les termes scientifiques? Une définition rigoureuse de la fleur est plus difficile qu'on ne pourrait le penser.

Jean-Jacques Rousseau, le célèbre philosophe, qui dut à l'étude et à la culture de la botanique les heures les plus douces de sa vie, et qui nous a laissé dans ses *Lettres sur la botanique* un livre plein d'attrait et plein de bonne science, s'exprime ainsi, à propos des définitions que l'on peut donner de la fleur :

« Si je livrais mon imagination aux douces sensations que ce mot semble appeler, je pourrais faire un article agréable peut-être aux bergers, mais fort mauvais pour les botanistes. Écartons donc un moment les vives couleurs, les odeurs suaves, les formes élégantes, pour chercher premièrement à bien connaître l'être organisé qui les rassemble. Rien ne paraît d'abord plus facile. Qui est-ce qui croit avoir besoin qu'on lui apprenne ce que c'est qu'une fleur? Quand on ne me demande pas ce que c'est que le temps, disait saint Augustin, je le sais fort bien. Je ne le sais plus quand on me le demande. On pourrait en dire autant de la fleur, et peut-être de la beauté même, qui, comme elle, est la rapide proie du temps. On me présente une fleur, et l'on me dit : voilà une fleur. C'est me la montrer, je l'avoue, mais ce n'est pas la définir; et cette inspection ne me suffira pas pour décider sur toute autre plante si ce que je vois est ou n'est pas la fleur, car il y a une multitude de végétaux qui n'ont dans aucune de leurs parties la couleur apparente que Ray et Tournefort ont fait entrer dans la définition de la fleur, et qui pourtant portent des fleurs non moins réelles que celles du rosier, quoique bien moins apparentes. »

Bien que la définition de la fleur paraisse à Rousseau environnée de tant de difficultés, il n'hésite pas à proposer la suivante : « La fleur, dit-il, est une partie locale et passagère de la plante, que précède la fécondation du germe, et dans laquelle ou par laquelle elle s'opère. » Cette définition est irréprochable.

Les divers végétaux nous présentent dans leurs fleurs presque toutes les dimensions possibles. Il est des fleurs qui n'ont que quelques millimètres de diamètre et d'autres que leur grand volume a rendues célèbres. On trouve à Sumatra et dans les îles de la Sonde une plante parasite dont la fleur, qui constitue le végétal presque tout entier, a près de neuf pieds de circonférence : c'est le *Rafflesia Arnoldi.* Le calice de certaines *Aristoloches* des bords du Rio Magdalena est si volumineux, que les habitants s'en servent comme d'un bonnet. Les fleurs de la *Victoria regia,* que nous représentons dans la figure 24, ont une circonférence d'environ un mètre. Ellés produisent d'admirables effets, sur les fleuves de la Guyane, lorsque, pendant les nuits magnifiques de ces contrées, elles étalent leurs immenses corolles à la surface de l'eau.

Les dimensions de la fleur ne sont pas en rapport avec celles des végétaux qui la produisent. La fleur de la plupart des grands végétaux de nos forêts est peu apparente, et ne compte guère que pour le botaniste. Elle est si petite qu'elle échappe généralement aux yeux des gens du monde, et qu'il faut l'examiner à une très forte loupe pour en faire l'étude. Au contraire, des végétaux de petite taille portent souvent des fleurs magnifiques. Elles font l'ornement et l'éclat des prairies, des bois et des parterres, par l'élégance de leurs formes et la beauté de leurs couleurs.

C'est spécialement sur la corolle que la nature a répandu toutes les richesses de son inépuisable palette. La corolle est aussi particulièrement le siège des plus suaves parfums du monde végétal.

FIG. 24. — LA FLEUR DE LA VICTORIA REGIA SUR UN FLEUVE D'AMÉRIQUE.

Les plantes à fleurs odorantes sont plus communes dans les pays secs que dans les contrées humides. Dans les collines arides et dénudées du midi de la France, le *Thym*, la *Sauge*, les *Lavandes*, chargent l'air des plus vives senteurs, tandis que les plaines humides de la Normandie n'exhalent aucun arome végétal.

Avant que la fleur s'épanouisse, les diverses parties qui la constituent sont intimement rapprochées et pressées les unes contre les autres; elles forment alors un *bouton*.

Les boutons de toutes les plantes *annuelles*, c'est-à-dire de celles qui germent, croissent, fleurissent et meurent dans la même année, continuent de se développer jusqu'à leur entier épanouissement. Les boutons de certaines plantes ligneuses, comme le *Tilleul*, se comportent de même. Mais il est d'autres plantes, comme l'*Amandier*, le *Prunier*, le *Poirier*, etc., dans lesquelles les boutons apparaissent pendant l'été, grandissent jusqu'à l'automne, restent stationnaires pendant l'hiver, et s'épanouissent au printemps suivant aux premiers rayons du soleil. Ces boutons sont *écailleux*, c'est-à-dire renfermés dans des bourgeons écailleux, qui portent le nom de *bourgeons à fleurs*, tandis que les boutons qui naissent et se développent dans la belle saison sont *nus*.

Enfin, le bouton s'entr'ouvre, s'épanouit et passe à l'état de fleur. Cet épanouissement n'a pas lieu indifféremment à tous les instants de la journée. Linné a dressé une liste des plantes suivant l'heure à laquelle leurs fleurs s'épanouissent; il appela cette liste l'*Horloge de Flore*.

De Candolle a vu s'épanouir, en été, à Paris :

entre 3 et 4 heures du matin,	le *Liseron des haies;*
à 5 heures,	le *Pavot à tige nue* et la plupart des *Chicoracées;*
entre 5 et 6 heures,	la *Lampsane commune*, la *Belle-de-jour;*
à 6 heures,	plusieurs *Solanum;*

entre 6 et 7 heures,	les *Laitrons*, les *Épervières;*
à 7 heures,	les *Nénufars*, les *Laitues;*
de 7 à 8 heures	le *Miroir de Vénus*, le *Mésambryanthème barbu;*
à 8 heures,	le *Mouron des champs;*
à 9 heures,	le *Souci des champs;*
de 9 à 10 heures,	la *Glaciale;*
à 11 heures,	le *Pourpier*, la *Dame d'onze heures;*
à midi,	la plupart des *Ficoïdes;*
à 2 heures,	le *Scillia pomeridiana;*
entre 5 et 6 heures,	le *Silène noctiflore;*
entre 6 et 7 heures,	la *Belle-de-nuit;*
entre 7 et 8 heures,	le *Cierge à grandes fleurs*, l'*Œnothère odorant;*
à 10 heures,	le *Convolvulus pourpre.*

Il est des fleurs qui restent épanouies plusieurs jours de suite. Il est des fleurs éphémères, qui s'ouvrent à une heure déterminée, se ferment pour toujours, et tombent, dans la même journée, à une heure à peu près fixe. Les *Cistes*, les *Lins*, épanouissent leurs fleurs vers 5 ou 6 heures du matin, et sont flétris avant midi. Le *Cierge à grandes fleurs* s'épanouit à 7 heures du soir et se ferme environ à minuit.

Certaines fleurs équinoxiales s'ouvrent à une heure déterminée, se referment le même jour à une heure fixe, puis se rouvrent et se ferment le lendemain et quelquefois plusieurs jours de suite aux mêmes heures. La *Dame d'onze heures* s'ouvre plusieurs jours de suite à 11 heures du matin et se referme à 3 heures. La *Ficoïde noctiflore* s'épanouit plusieurs jours de suite à 7 heures du soir, et se referme vers 6 ou 7 heures du matin.

« La régularité de ces phénomènes, dit de Candolle, a frappé tous les observateurs; mais quoique leur cause tienne évidemment à l'action de la lumière, elle est cependant difficile à apprécier avec précision.... J'ai soumis des belles-de-nuit à la lumière continue des lampes. J'ai obtenu par là une fleuraison tout à fait irrégulière; mais ayant placé ces plantes dans un lieu éclairé pendant la nuit et obscur pendant le jour, j'ai vu d'abord leur fleuraison très irrégulière. Puis elles se sont accoutumées à ce nouveau climat et ont fini par s'épanouir le matin, c'est-à-dire à la fin de la journée que je leur faisais artificiellement, et se refermer le soir, c'est-à-dire à la fin de leur époque d'obscurité. »

Cependant la chaleur paraît avoir une certaine influence sur l'heure de l'épanouissement des fleurs et sur sa durée. Aussi voit-on ces deux phénomènes varier selon les latitudes pour différents pays et selon les saisons pour le même pays. L'*Horloge de Flore*, dressée par Linné à Upsal, retarde sur l'horloge dressée par de Candolle à Paris.

Il est enfin un petit nombre de fleurs dont l'épanouissement est modifié par l'état de l'atmosphère et qu'on pourrait appeler *météoriques*. Le *Sonchus de Sibérie* ne se ferme pas, dit-on, le soir lorsqu'il doit pleuvoir le lendemain. Plusieurs Chicoracées ne s'ouvrent pas le matin quand il va pleuvoir. Le *Souci pluvial* se ferme quand le temps se dispose à la pluie. Mais sa fleur reste ouverte dans les pluies d'orage, qui le surprennent et le trompent pour ainsi dire.

Des faits du même ordre, mais peu nombreux, ont servi à dresser un *hygromètre de Flore*.

XIX

LES ARBRES GÉANTS

Un des spectacles intéressants de la nature nous est offert dans les dimensions et l'âge de certains arbres. Il existe, sous ce rapport, de véritables monuments d'antiquité naturelle. Les peuples ont toujours accordé à ces patriarches du règne végétal une importance extrême, exagérée sans nul doute, au point de vue de la science, mais qui nous engage à énumérer rapidement ici les exemples les plus connus de ces espèces de monstruosités vivantes. Nous allons donc nous arrêter ici sur les *arbres géants*, sur ces monuments végétaux qui font l'étonnement et l'admiration des hommes.

Le Tilleul paraît être l'arbre d'Europe qui est susceptible d'atteindre la plus grande longévité et les plus grandes dimensions en diamètre. On cite en Allemagne, dans le royaume de Wurtemberg, le célèbre *Tilleul de Neustadt*. Le couronnement de cet arbre décrit une circonférence de 133 mètres; ses branches sont soutenues par 106 colonnes de pierre. Les deux colonnes du devant portent les armoiries du duc Christophe de Wurtemberg, à la date de 1558. Sur plusieurs autres colonnes se lisent les noms de ceux qui les ont fait élever. Le Tilleul de Neustadt se divise à son sommet en deux grosses branches : l'une atteint une longueur de 35 mètres, l'autre fut brisée par le vent en 1773.

Dans le château de Nuremberg, en Bavière, est un autre Tilleul qui a, dit-on, sept cents ans d'existence, car on fait remonter sa plantation à l'impératrice Cunégonde. Autour de ce Tilleul, objet de la vénération des Allemands, on a placé les quatre statues emblématiques de la Bavière, de la Souabe, du Wurtemberg et du Tyrol.

Le Tilleul le plus âgé, ou du moins celui dont on connaît la date avec le plus de précision, est celui qui fut planté en 1476, dans la ville de Fribourg, en Suisse, pour célébrer la victoire de Morat. Cet arbre a une circonférence de 5 mètres.

Près de Fribourg, dans le village de Villars-en-Moing, est un autre Tilleul qui, selon la tradition, était déjà célèbre en 1476 par sa grosseur et sa vétusté, car des tanneurs, profitant de la confusion de la bataille de Morat, le mutilèrent, pour en avoir l'écorce. Cet arbre, dont l'âge précis est difficile à fixer, a maintenant une circonférence de 12 mètres et une hauteur de 24. Il se divise, à 3 mètres de hauteur, en deux grandes masses, subdivisées elles-mêmes en cinq autres, toutes touffues et bien saines.

On voit près de Saintes, dans le département de la Charente-Inférieure, un des plus grands Chênes de l'Europe. Il possède, sur une hauteur de 20 mètres, un diamètre de 9 mètres à sa base. Dans la partie détruite de ce tronc gigantesque, se trouve ménagée une chambre de 3 mètres de haut sur 3 ou 4 de large, dont les parois sont tapissées de Lichens et de Fougères. On estime l'âge de ce géant entre 1 800 et 2 000 ans.

Le fameux Châtaignier du mont Etna, que l'on nomme en Sicile, *Castagno di Cento Cavalli* (Châtaignier des Cent Chevaux), a 52 mètres de circonférence.

On a dit souvent que ce châtaignier monstrueux résulte de la soudure de plusieurs arbres, nés d'une ancienne souche, qui leur serait commune. Ce qui détruit cette objection, c'est qu'il existe dans les environs de l'Etna plusieurs autres Châtaigniers, très beaux et très droits, qui ont 12 mètres de diamètre, et que l'un de ces arbres a jusqu'à 25 mètres de tour.

Quel âge peut avoir le *Châtaignier de l'Etna?* C'est ce qu'il est bien difficile de savoir. Si l'on suppose que, chaque année, ses couches concentriques se soient accrues d'une ligne en épaisseur, cet arbre vénérable aurait de trois mille six cents à quatre mille ans d'existence.

A Neuve-Celle, sur le lac de Genève, il existe une autre espèce de Châtaignier de dimensions gigantesques.

Les Noyers jouissent d'une grande longévité, et peuvent atteindre un énorme développement sur tous les confins de la mer Noire et de la mer Méditerranée. Près de Balaklava, en Crimée, un Noyer porte annuellement plus de cent mille noix, que cinq familles se partagent.

M. de Candolle, dans sa *Physiologie végétale,* parle d'une table de Noyer qui a été vue par l'architecte Scammozzi à Saint-Nicolas, en Lorraine. Faite d'un seul morceau de Noyer, cette table avait 8 mètres de largeur, sur une longueur convenable. En 1472, l'empereur Frédéric III donna un repas magnifique sur ce monstrueux bloc végétal. D'après de Candolle, le Noyer qui avait fourni cette table aurait eu au moins neuf cents ans.

Le Platane est un des plus grands arbres des climats tempérés. Pline raconte qu'il existait de son temps, en Lycie, un Platane célèbre. Le tronc creux de cet arbre formait une sorte de grotte, de 27 mètres de tour. Sa cime branchue ressemblait à une petite forêt : les branches qui la composaient couvraient de leur ombre une étendue de terrain immense. L'intérieur de l'excavation du tronc était tapissé de mousse, ce qui le faisait ressembler davantage encore à une grotte naturelle. Licinius Mucianus, gouverneur de la Lycie, donna dans cette grotte un festin à dix-huit convives.

Pline cite un autre Platane que l'empereur Caligula trouva aux environs de Vélitres. Ses branches étaient disposées de manière à former une grotte de verdure, dans laquelle ce prince dîna avec quinze personnes. Bien qu'il occupât à lui seul une partie de l'arbre, les convives étaient tous fort à l'aise, et les esclaves pouvaient faire très convenablement leur service.

A Caphyes, dans l'Arcadie, huit cents ans après la guerre de Troie, on montrait un vieux Platane, qui portait le nom de Ménélas : on prétendait que ce prince l'avait planté lui-même avant de partir pour le siège de Troie. On attribuait aussi à Agamemnon la plantation d'un Platane qu'on voyait à Delphes plusieurs siècles après la mort de ce héros.

Ces dernières assertions sont probablement fabuleuses; mais ce qui peut donner quelque crédit aux récits de ce genre, c'est qu'il existe aujourd'hui dans l'Orient des Platanes d'une vétusté et de dimensions tout à fait extraordinaires. De Candolle rapporte[1] l'assertion d'un voyageur moderne attestant qu'il existe dans la vallée de Bujukdéré, à trois lieues de Constantinople, un Platane qui a 30 mètres de hauteur et dont le tronc a 50 mètres de circonférence; il ombrage une étendue de 167 mètres carrés. On manque de documents pour déterminer exactement l'âge de cet arbre, célèbre dant tout l'Orient.

Au nord de Madère, on trouve des Lauriers (*Oreodaphne fœtens*) de 12 à 13 mètres de circonférence, sur une hauteur de 28 à 37 mètres, et qui existaient déjà en 1419, année de la conquête de cette île par les Européens.

Dans l'île de Ténériffe, les voyageurs vont admirer le *Dragonnier d'Orotava*, dont le tronc s'élève à une hauteur de 72 pieds, et dont la circonférence est telle que dix hommes ne peuvent l'embrasser. Cet arbre est peut-être antérieur aux temps historiques. A l'époque de la conquête de l'île de Ténériffe par les Espagnols, il était déjà aussi fort et aussi évidé qu'on le voit aujourd'hui.

Les Cèdres, les Oliviers et les Figuiers atteignent un très grand âge et des proportions colossales. Mais nous appellerons

1. *Physiologie végétale*, p. 993.

FIG. 25. — WELLINGTONIA GIGANTEA.

spécialement l'attention du lecteur sur les deux types les plus remarquables de la longévité et de la grandeur végétale : le *Wellingtonia* et le *Baobab*. Le dernier est depuis longtemps connu, l'autre n'a été décrit que de nos jours.

Le *Wellingtonia gigantea* de la Californie (fig. 25) est un arbre de la famille des Conifères, qui a été, dit-on, découvert par un voyageur anglais, le naturaliste Lobb, sur une montagne de la Californie, la Sierra Nevada, à une hauteur de 1 665 mètres. Ce sont des espèces de Cèdres peu ramifiés et dont le tronc forme comme une immense colonne. Ces arbres vivent, groupés par deux ou trois, sur un sol fertile, arrosé par quelques ruisseaux. Ils peuvent atteindre une hauteur de 80 à 130 mètres, un diamètre de 4 à 10 mètres, et l'âge de trois à quatre mille ans. L'un de ces arbres a été transporté en partie au palais de Sydenham. Il constitue une des plus admirables merveilles de cette collection célèbre. L'écorce de la partie inférieure d'un de ces géants fut exposée à San-Francisco. On en forma une chambre, que l'on garnit de tapis et dans laquelle on établit un piano et des sièges pour quarante personnes. Cent quarante enfants y trouvèrent un jour un asile suffisant.

C'est, disons-nous, dans la Californie qu'existent ces arbres colosses. On les trouve à vingt kilomètres de French-Guch, principalement dans une localité située près des canaux qui vont du Stanislas aux mines du comté de Calaverus.

On appelle *bosquet du Mammouth* le bois auquel appartiennent ces cèdres gigantesques. La vallée où ils croissent est à quinze kilomètres de Murphy, à la source de l'un des tributaires de la rivière de Calaverus. En quittant la partie du bois où croissent ces énormes arbres, la route serpente à travers une forêt de pins, de cèdres, de sapins et de chênes, et arrive dans une vallée supérieure qui n'est éloignée du Sacramento que de quatre-vingts kilomètres.

La vallée où croissent les *Wellingtonia* est située à 1330 mètres au-dessus du niveau de la mer. Elle jouit, pendant l'été, d'un climat délicieux. On n'y ressent point les chaleurs étouffantes des basses terres. La végétation y est toujours fraîche et verte, et l'eau abondante. Sur une superficie de cinquante hectares, on a compté quatre-vingt-douze de ces géants, dont le tronc a plus de 100 mètres de haut et 30 mètres de contour. Les branches ne commencent qu'à quarante mètres du sol; elles sont peu nombreuses, mais couvertes d'un joli feuillage. D'après l'examen de la coupe du tronc d'un de ces arbres abattus, il n'a pas fallu moins de quatre mille ans pour qu'ils aient atteint leur développement.

Les gigantesques *Wellingtonia* sont accompagnés de pins et de cyprès qui ont plus de 70 mètres de haut et un diamètre de 7 à 8 mètres.

Ces arbres sont souvent joints l'un à l'autre ou rapprochés dans des positions bizarres. C'est ce qui leur a fait donner des noms particuliers, tels que *le Mari et la Femme*, parce qu'ils s'appuient l'un sur l'autre ; — *Hercule*, à cause de son apparence de vigueur ; — *l'Ermite*, à cause de sa position isolée des autres; — *la Mère et le Fils; — les Jumeaux*, — *l'Ami*. Tous ces derniers arbres ont une hauteur qui n'est jamais moindre de 100 mètres et une circonférence de 15 à 20 mètres.

Le *Baobab* (*Adansonia digitata*) est un arbre de l'Afrique tropicale, qui a été transplanté par l'homme en Asie et en Amérique, et qui peut être rangé parmi les merveilles de la nature. Son tronc n'a que 4 à 5 mètres d'élévation, mais son épaisseur est énorme : elle peut atteindre 10 mètres de circonférence. Ce tronc se divise, à son sommet, en rameaux longs de 16 à 20 mètres, qui se rapprochent du sol vers leur extrémité. Comme le tronc est court, et que les branches descendent fort bas près du sol, il en résulte que le Baobab a, de loin, l'aspect d'un dôme ou d'une boule de verdure dont le circuit dépasse 50 mètres. Adanson a conclu de ses observations et de ses calculs sur l'accroissement des Baobabs, que quelques-uns de ceux qu'il a étudiés avaient près de six mille ans.

Ce colosse végétal, observé d'abord par Adansonau Sénégal, et qui forme le genre *Adansonia*, a été retrouvé depuis au Soudan, au Darfour et dans l'Abyssinie.

L'écorce et les feuilles du Baobab jouissent de vertus émollientes, dont les nègres du Sénégal savent tirer parti. Ses fleurs sont proportionnées à la grosseur du tronc; elles ont 11 centimètres de longueur sur 10 de large. Le fruit désigné par les Français qui habitent le Sénégal sous le nom de *Pain de singe*, est une capsule ovoïde, pointue à l'une de ses extrémités, longue de 30 à 50 centimètres, large de 13 à 16 centimètres, c'est-à-dire à peu près du volume de la tête de l'homme. Il renferme dans son intérieur dix à quatorze loges, contenant quelques graines en forme de rein, environnées de pulpe.

Les nègres font un usage journalier des feuilles sèches du Baobab. Ils les mêlent avec leurs aliments, dans le but de modérer l'excès de leur transpiration et de calmer les ardeurs d'un climat de feu.

Le fruit du Baobab est comestible; sa chair est d'une saveur agréable et sucrée. Le suc qu'on en exprime, mêlé avec du sucre, forme une boisson fort utile dans les fièvres putrides et pestilentielles.

On transporte le fruit du Baobab dans la partie orientale et méridionale de l'Afrique, et les Arabes le font passer dans les pays voisins du Maroc, d'où il se répand ensuite en Égypte. Les nègres tirent parti des fruits gâtés et de leur écorce ligneuse : ils les brûlent, pour en obtenir les cendres, qui servent à fabriquer du savon, au moyen de l'huile de palmier.

Les nègres font encore un usage bien singulier du tronc du Baobab : ils s'en servent pour déposer les cadavres de ceux qu'ils jugent indignes des honneurs de la sépulture. Ils choisissent le tronc d'un Baobab déjà attaqué et creusé par la carie; ils agrandissent la cavité et en font une espèce de chambre, dans laquelle ils suspendent les cadavres. Après quoi, ils ferment, avec une planche, l'entrée de cette sorte de tombeau naturel. Les corps se dessèchent parfaitement à l'intérieur de cette cavité, et deviennent de véritables momies, sans avoir reçu la moindre préparation préalable.

C'est surtout aux *guériots* qu'est réservé ce mode étrange de sépulture. Les *guériots* sont les musiciens ou les poètes qui, auprès des rois nègres, président aux danses et aux fêtes. Pendant leur vie, ce genre de talent les fait respecter des autres nègres, qui les considèrent comme des sorciers et les honorent à ce titre. Mais après leur mort, ce respect se change en horreur. Ce peuple superstitieux et enfant s'imagine que s'il livrait à la terre le corps de ces sorciers, comme celui des autres hommes, il attirerait sur lui la malédiction céleste. Voilà pourquoi le monstrueux Baobab sert d'asile funèbre aux *guériots*. Combien il est étrange de voir un peuple barbare ensevelir ses poètes, entre le ciel et la terre, dans les flancs du roi des végétaux!

FIN

TABLE DES MATIÈRES

FIN DE LA TABLE DES MATIÈRES

1190 04. — CORBEIL. Imprimerie ÉD. CRÉTÉ.

www.ingramcontent.com/pod-product-compliance
Ingram Content Group UK Ltd.
Pitfield, Milton Keynes, MK11 3LW, UK
UKHW020327230726
13925UKWH00002B/671